じつは10秒で見抜けます

化学者が美肌コスメを選んだら…

かずのすけ
KAZUNOSUKE

トランスワールドジャパン

本書は、２０１６年2月に三五館から刊行された同名の本に、修正を加えたものです。

●プロローグ――肌の悩みは「成分選び」で軽くなる

●化粧品は肌に良い？

月並みな話ですが、私はずっと学校の先生になることが夢でした。

だから大学は教育大学を受験し、教育学を学んでやっとの思いで小学校教諭と、中高の化学教師の資格を得ました。これはだれも疑うことのない教師という職業への真っ直ぐな道のりで、私も自分が教壇に立って子どもたちに化学式の説明をする姿を疑ったことはありませんでした。今でこそ私のライフワークとなった「化粧品（コスメ）」という分野に関する知識・学問は、じつはもともとただの趣味の一環だったのです。

アトピーという体質に生まれた私は、小さい頃からスキンケア用の化粧品、そして洗剤で肌が荒れたり皮膚炎を発症したりということが絶えず、

「化粧品には何か肌に悪いものが入っているのではないか？」

という疑問を抱いてきました。

もちろん「化粧品＝肌や髪に良い」という根拠なき期待も抱いてはいましたが、おそらく肌に問題がない人たちに比べると、その信頼感は薄かったのではないかと思います。その思いに引っぱられるように、大学で化学の基礎知識を得た私が勉学のかたわら化粧品の成分について情報を集めるようになったのは、それほど不思議なことではなかったでしょう。

その成果から私は化粧品が化学物質の複合物であることを理解し、それらの化学物質の特性を把握すれば、自分の肌に合わない化粧品を避けることも難しくないのだということに気づきました。そして私はそれらの知識をアウトプットして保存するために、当時盛んだった「ｍｉｘｉ《ミクシィ》」というSNSサービスでコミュニティを立ち上げ、情報発信を始めたのです。

●消費者が迷い込む無法地帯

しかしこの活動を始めてみると、化粧品を扱う業界のおかしなところがいろいろと見えてくるのです。mixiのコミュニティでは、現在の私のブログと同様、多くの方からたくさんの「質問」をいただきました。このときの質問の多くが自身の体質に合う化粧品を求めるもので、また化学の基礎を知っている私が聞けば耳を疑うような、真偽を問いたくなる非科学的な情報もたいへん多かったことを記憶しています。

つまりこの世の中には小さい頃の私のように合わない化粧品に悩む消費者が少なからずいて、そして基礎知識を持たないという弱点につけこまれて、そこまで良くもない化粧品に大金を払わされている人も大勢いるという状況を私は知ったのです。

私も当時の情報収集の基本はインターネットの活用だったので、ネット上の美容・化粧品関連情報の錯綜と混乱ぶりには辟易《へきえき》としていました。一つの物事についてあっちでは是《ぜ》と言い、こっちでは否と言うというような状況は日常茶飯事であり、消費者が触れている美容や化粧品に関する情報の世界はもはや〝無法地帯〟だったのです。

私はこの状況にとても大きな危機感を覚えました。

そこから紆余曲折あり、私はただの化学の先生の道を諦め、美容・化粧品業界の嘘から消費者を守るための活動を始めました。そして結果的に現在の研究者としての道を歩むようになったのです。

これはだれにできることでもない、私にしかできない使命なのだと考えています。

●成分から良い商品を探すには？

さて、このように化粧品とその業界について否定的なことを書きましたが、一方では、化粧品が肌に悩む人に大きな喜びをもたらすことも確かです。すべての化粧品やその関連業者が悪であるというわけではありません。

化粧品の問題点やリスク情報ばかりを目にしていると「化粧品など本当に必要なのか？」という疑問を抱く人も少なくないでしょうが、今のところ、私は化粧品そのものはぜひ在るべきだと考えています。実際にこれだけ「アレはダメ」「コレもダメ」と言っている私にも、愛用の化粧品がいくつもあります。

それは、たとえば私のように肌の機能が弱い人ほど良くない化粧品の被害を受けやすいのは事実ですが、逆に、もし優れた化粧品であれば、それだけその恩恵を受けやすいともいえるからです。正しく今必要な化粧品を選ぶことができれば、一つの化粧品の使用だけでも肌の機能を底上げし、健康そのものの肌を維持することもできます。

そこで本書では、実際の優れた商品を例に取り上げながら、より良い化粧品を選ぶための方法や着眼点を解説したいと思っています。

私の化粧品の評価方法について、まずは基礎的なポイントを簡単にご説明します。

❶「成分表示」の1行目に注目!

化粧品には、パッケージ、あるいは容器の裏などに「全成分表示」を付けるという法律で決められたルールがあります（医薬品、医薬部外品は例外）。成分表示を正しく読むことができれば、自分に合わないであろう化粧品は使わずとも避けることが可能となり、さらに慣れてくれば、化粧品の大雑把な使用感やその実際の効果まで予測することができるようになります。

成分表示は一見とても難しそうなものに見えますが、じつは少しのコツを掴むだけで意外なほど簡単に読み解けてしまうものです。10秒ほど見るだけでも、いくつもの情報を得ることができます。特に重要なものを一つ紹介すれば、成分表示は成分の配合量の多い順に記載されており、一番上の1～2行を見れば十分事足りるということです。上位の5～6個目までの成分の優劣さえ判断できれば、もうその化粧品の良し悪しはそこでほとんど決まってしまうわけです。

❷誤情報に振り回されない。化粧品の成分は基本的に安全。

また、成分の読み方として特に念頭に置かねばならないのは、健康な肌状態の人が常識的に使用するうえにおいて、化粧品の成分は「基本的に安全」だということです。

ネットや一部の書籍では、「合成界面活性剤はすべて悪」「防腐剤は危険」「天然成分で作った化粧品が良い」「紫外線吸収剤には発ガン性がある」などなど、その実態とはまったく異なった、消費者に対して単に過剰に危険性を煽っているだけのような情報が散見されます。しかしこれらのほとんどは、実際にはまったく参考にするべきでない誤情報です。化粧品とはとにかく安全性を優先して作られる商品なので、どの成分も「ふつうに使う」かぎりは一定の安全性は担保されているのです。

近年の事件の例を見てみると、本当に危険なのは強力な美白効果や天然由来をうたった新規の有効成分などであり、それと比較すれば昔から使われている界面活性剤や防腐剤の危険性などは些末なものともいえるでしょう。

❸〝本物〟の化粧品とは、低刺激で肌表面を防御するもの。

そこで詳細は本文と、拙著『間違いだらけの化粧品選び　自分史上最高の美肌づくり』（泰文堂）に譲りますが、読者の皆さんに出合っていただきたい「本当に良い化粧品」とはどのようなものか、私の持論をお伝えしておきたいと思います。

「化粧品」というのはそもそも肌の造作を変えるものではなく、あくまで肌の表面を整えて美しく「見せる」ものです。それ以上の効果を求めれば思わぬ副作用が生じて、肌に深刻なダメージを与えてしまうことも少なくありません。これまでの化粧品危害（化粧品使用による健康上の悪影響）の事件を見ると、そのようなケースが圧倒的に多いです。

だからこそ私が思うに、本当に良い化粧品というのは「とにかく肌に対して低刺激、つまり安全である」ということが何より重要です。

そして、そこに加えるべき美容効果として重要なのは「肌を守る（防御）」という効果です。

皮膚は人体の〝バリア〟であり、そのバリアが化粧品の成分を体内に吸収することは基本的にありません。そのため、成分が力を発揮するとすれば、それは「肌の防御」という形になります。肌の表面のバリアを補強し、刺激や乾燥、酸化などから肌を守る。現代の化粧品に求めるべき役目はこういったものだと私は思います。

本書で紹介されている良い例の化粧品の多くは、この基準に従って選考されています。

そして実際に、この方法で選んだ化粧品は、アトピーに悩む私の肌を見違えるように健康に変え、私のブログにおいても、多くの皆さんの素肌の健康維持に貢献したという実績があります。

＊

この本に書いてある「選び方のポイント」は、何も本書で紹介した化粧品にとどまる話ではなく、すべての化粧品に共通したものです。本書を最後まで読まれたら、ぜひこの本を片手に、お近くのドラッグストアや化粧品売場に立ち寄って、成分表示を読み解く楽しさを味わってください。

そして「自分だけの本当に良い化粧品」を見つけたときの喜びを感じていただけたなら、それは私にとって何よりの幸せです。

化学者が美肌コスメを選んだら…◉もくじ

第5章

全身のトラブル肌ケア

第6章

汗・ニオイを解決!

第7章

健康な髪・地肌を保つ

ブックデザイン◉石川直美
撮影◉絵鳩正志（12、54、74〈上〉、99、112〈左〉、130頁のみ）
　　　佐野ライラ（43頁のみ）

本書の表記について

＊成分表および成分解説では、以下のように表記を統一しています。
・ナトリウム→Na
・カリウム→K
・アルミニウム→Al
・マグネシウム→Mg

＊各商品ごとの成分解説は著者の見解です。

＊本文に表示している商品の価格は、「希望小売価格」「参考小売価格」も含まれています。なお、価格は税抜きで、2016年1月31日現在のものです。

【固形石けん】

Soap bar

高すぎずシンプルな内容、さらに「茶色」なら低刺激！

オススメ！

アレッポの石鹸

200g・630円

成分

石鹸素地
（**オリーブオイル**、ローレルオイル）

オリーブオイル

オレイン酸という脂肪酸を多く含む油脂。一般の石けんの主成分よりも分子の構造が大きいので肌・粘膜に浸透しにくい。

さっぱりツルツルになる理由

洗顔に「石けん」を使う人はとても多いと思います。

石けんで洗顔すると要らなくなった角質がきれいに洗い流されてさっぱりツルツルの洗い上がりになります。この良好な使用感から、洗顔用の洗剤といえば今でも石けんが主流となっています。

この使用感の理由は、石けんが弱酸性の脂肪酸を多く含む「油脂」と、強いアルカリ性物質「水酸化ナトリウム（苛性ソーダ）」とを反応させた弱いアルカリ性の洗浄剤であるためです。アルカリは老廃角質を柔軟化させる性質があるため、肌の汚れをしっかりと落としてくれるのです。

オススメは茶色の石けん

ところで、皆さんがイメージする石けんといえば、おそらくその色は〝白〟。真っ白で特有の香りがある、店頭でよく見かけるような石けんを思い浮かべるのではないでしょうか。

ですが、私がお勧めする石けんは、「茶色」の石けんです。白い石けんに慣れ親しんだ私たちの目には、一風変わって見えますね。

特に有名な商品としては「アレッポの石鹸」があります。なぜこの石けんの色がふつうの白ではなくて茶色い色をしているのかというと、その原材料にオリーブオイルなど色のある特別な油脂を用いているからです。これはあくまで原料の色であり、着色料による発色ではありません。

オリーブオイルには「オレイン酸」という脂肪酸が多く含まれており、そのために肌に刺激を与えにくいといわれています。このオレイン酸は通常の石けんの主成分になっている「ラウリン酸」や「ステアリン酸」よりも分子の構造が大きく、肌や粘膜に刺激になりにくいといわれています。

それゆえ、一般的な白い石けんよりも、茶色い石けんのほうがより肌に優しいというわけです。

しかし、オレイン酸を多く含むオリーブオイルや馬油、いくつかのナッツ油などは、石けんの原料としてよく利用されているパーム油やヤシ油に比べて原料油脂の価格が高額になります。そのため、こういったオレイン酸石けんはふつうの石けんと比べるとお値段がやや高いものが多いです。

それでも、100gで数千円ほどもする高級ブランドの洗顔石けんなどと比べれば、アレッポの石鹸の価格は非常にお求めやすいですね。

市場を見渡すと、有名な高級化粧品ブランドでも石けんを洗顔料として採用している場合がよくありますが、一個あたり3000〜5000円ほどもするものを見ると、価格からしてとても良い商品のような気がしてきます。ですが、石けんはどれだけ価格が高くても、それほど効果に差があるものではありません。なにせ固形石けんの基本成分は、ほぼすべてが洗浄のための成分なのです。

たくさんの成分名が書いてあったとしても、洗浄成分以外の成分はほとんど極微量配合で、お肌に嬉しい効果を及ぼすようなものではありません。

高すぎずシンプルな商品が安全

「アレッポの石鹸」の主な成分は、オリーブオイル、ローレルオイルの2つだけ。石けんの生成に必要な苛性ソーダをわずかに使い、それ以外のよけいな添加物は使われていません。この点も、私が推した理由の一つです。

これに対し、高価な石けんほどさまざまな成分を配合し、必要以上の付加効果があるようにうたっていますが、これも問題になってきます。小麦アレルギーを引き起こすとして２０１０年に問題になった植物由来タンパク質成分（加水分解コムギタンパク）含有の石けんや、最近ではシラス（ケイ酸・ケイ酸アルミニウム焼成物）などの火山灰成分が配合された石けんの例があります。後者は、眼球の表面を傷つけるトラブルが相次いで報告されています。

　このようなケースからみられるように、不用意に複雑な添加物を配合した石けんは健康危害（健康上の悪影響）を引き起こすリスクが高まります。特に洗顔用は、目のまわりの粘膜などバリアの弱い部位に触れる可能性があるため、注意が必要です。

　とにかく固形石けんは、価格が極端に高くなく、できるだけ成分がシンプルなものを選ぶようにしましょう。

　ちなみに、先ほどのオレイン酸石けんは、通常の石けんと比較して石けん成分の融点（液体になる温度）が低く、溶け減りしやすい可能性が高いです。それだけ湯によく溶けて泡立てやすいということですが、長持ちさせるためには水切れの良い容器に置いておくなど、工夫も必要です。

選び方のポイント

- ●原料の油脂の種類によって、肌への刺激の強さも違う。
- ●「高いほど肌に良い」は勘違い。その美容成分はごく微量。
- ●＋αの効果をうたった成分が、健康に悪影響を与える場合も。

成分

【有効成分】グリチルリチン酸 2k
【その他の成分】精製水、水酸化k、濃グリセリン、1，3-ブチレングリコール、黒砂糖、ケイ酸・**ケイ酸アルミニウム焼成物**、酸化チタン、**ラウリン酸、ミリスチン酸、パルミチン酸**、ステアリン酸、ヤシ油脂肪酸ジエタノールアミド、ラウロイルメチル-β-アラニンNa液、水溶性コラーゲン液、ローヤルゼリーエキス、アロエエキス、加水分解コンキオリン液、チャエキス、ウーロン茶エキス（医薬部外品のため順不同）

ケイ酸アルミニウム焼成物
ここでは汚れを吸着する粉として使用。しかし、とがった結晶なので、目などの軟らかい粘膜を傷つける恐れも。

ラウリン酸、ミリスチン酸、パルミチン酸
パーム油やヤシ油を原料とする成分で、安価な石けんの主成分になっている。分子が小さく刺激になる場合がある。

【洗顔料】

Face wash

乾燥が気になる肌には皮脂を取りすぎない弱酸性洗顔料を

オススメ

ラウレス-5カルボン酸Na
通称「酸性石けん」。石けんと似た構造を持ち環境に優しく、弱酸性でも十分な洗浄力を発揮するうえ低刺激性の洗浄成分。

成分
水、**ラウレス-5カルボン酸Na**、ココイルグルタミン酸TEA、コカミドDEA、セテアレス-60ミリスチルグリコール、ペンチレングリコール、ラウリン酸BG、ヒアルロン酸Na、ポリクオタニウム-7、マコンブエキス、グリチルリチン酸2K、ローズ油、BG、グリセリン、EDTA-2Na、フェノキシエタノール、エチルヘキシルグリセリン

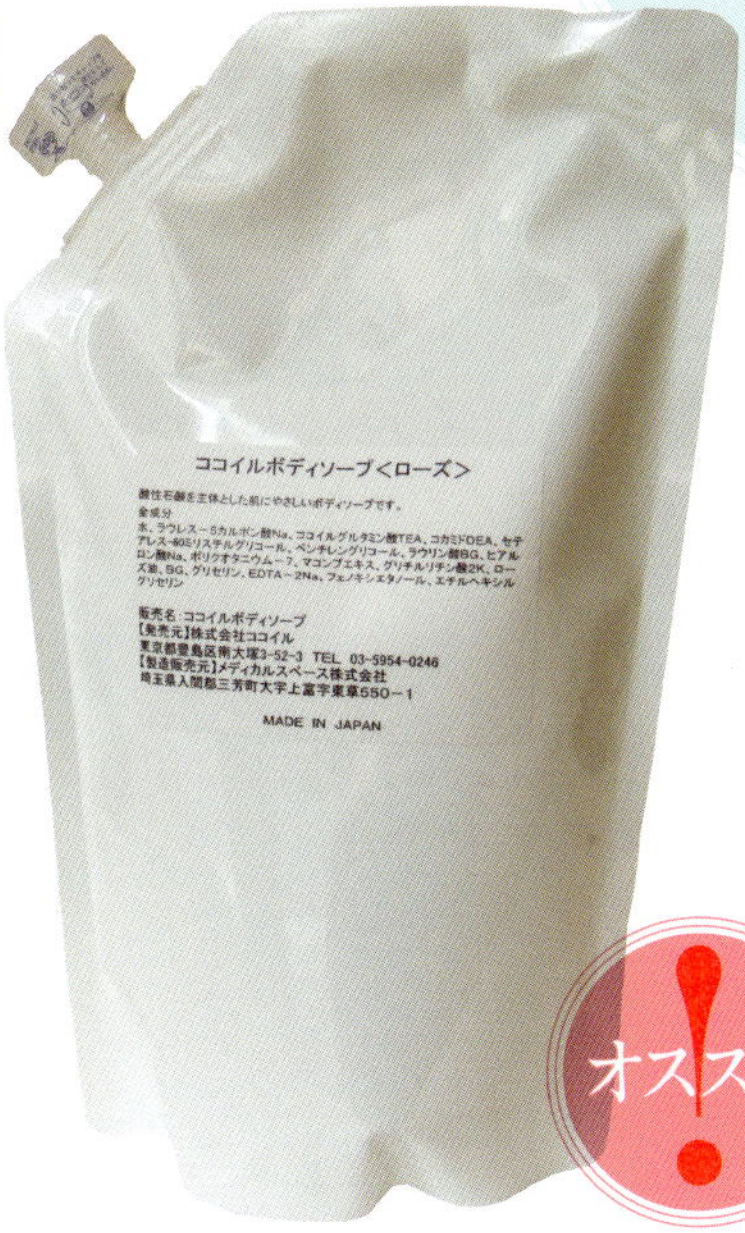

ココイルボディソープ
1000ml・3500円

健康な肌は弱酸性

皮膚の表面は「弱酸性」です。これは、私たちの皮膚の表面に棲んでいる「皮膚常在菌」の働きのおかげです。

肌はつねに肌を守るための皮脂を分泌していて、この皮脂を皮膚常在菌が分解し、弱酸性の「脂肪酸」というものを生成します。この脂肪酸が肌の表面を覆うことで、私たちの肌は弱酸性を保っているのです。石けんで洗って一時的にアルカリ性になっても、この機能によって私たちの肌は弱酸性を維持しようとします。

なぜこのようなシステムがあるのでしょう。

それは、我々の身体に悪さをする雑菌やウイルスが基本的にアルカリ性で、それらの雑菌が皮膚上で繁殖しにくくなるよう、肌を弱

酸性に保っているのだと考えられています。つまり人の肌が正常な状態の弱酸性であれば、悪い雑菌やウイルスを勝手に殺菌して、健康な状態を維持してくれるようになっているというわけです。

肌の弱酸性はいわば天然の殺菌機能なのです。この機能を阻害しないように洗顔・スキンケアを行なえば、市販の殺菌成分配合の洗顔料などは一切不要です。

洗顔用の洗剤としては現在も「石けん」が主流ですが、石けんはアルカリ性の洗浄剤なので、いかに前項のオレイン酸石けんといえど敏感肌には刺激が残ります。また「弱酸性」である人の皮脂と、弱アルカリ性の石けんとは相性が良すぎて、本来必要な油分も過剰に洗浄されてしまうという問題があります。人は年齢とともに皮脂が減少しますが、そのような油分が不足した乾燥肌や、アトピー体質の方などには、石けんは少し洗浄力が強すぎるといえます。

年齢や体質で肌に不安がある方のために、私のオススメの優しい洗顔料を紹介していきましょう。

いいとこ取りの酸性石けん

そういう方には、脱脂力をわざと控えめに調整した弱酸性の洗浄剤がオススメです。

弱酸性の洗浄成分が入った商品で安価なものは少ないですが、それでもむやみに高級ブランドの商品を使うことを考えれば、継続使用できる価格帯だと思います。私が昔からお勧めしているのは、「ココイルボディソープ」です。

ココイルボディソープの主成分「ラウレス-5カルボン酸ナトリウム」は、通称「酸性石けん」と呼ばれています。「ラウレス」というと、脱脂力の高い合成洗剤のラウレス硫酸ナトリウムをイメージさせますが、こちらの洗浄成分とはまったくの別物です。石けんと同じ「カルボン酸」の構造を持ち、環境への負担が少ないうえ、弱酸性に調整しても洗剤として秀でた性能を発揮する性質から、昨今美容業界で人気を博しています。この成分は、つまり石けんと弱酸性の洗浄剤のいいとこ取り成分なのです。

低刺激洗剤として人気のアミノ酸系洗浄剤（89、119ページ参照）と並んで驚くほど低刺激なのに、アミノ酸系では得られないしっかりとした洗浄機能を持ちます。そして、

・目に入っても石けんのような強烈な痛みはなく、傷口を洗って

も染みない。

・洗い上がりも過度に脱脂されず、乾燥しにくい。

ことがポイント。まさに敏感肌向けの万能型洗浄成分といえます。

サロン専売のやや高級なシャンプーなどには、これまでも比較的頻繁に配合されてきた成分ですが、できるだけ安上がりを求められる店頭販売のボディソープに配合するのはコスト的に難しく、現在でも商品数は多くはありません。その先駆けとなったココイルボディソープもネット通販が基本で、レアな弱酸性洗浄剤といえます。

価格はやや高いですが、敏感肌の方は一度試してみる価値はあると思います。

ピーリング剤配合は肌に負担!?

一方で、最近の洗顔料の流行りとして、とにかく高い洗浄力のものが好まれる傾向があります。その一つとして、「AHA（α-ヒドロキシ酸）」や「タンパク質分解酵素（プロテアーゼ・パパイン）」などのピーリング成分を配合した洗顔料が人気です。

これらの成分は皮膚の角質を分解して洗浄するため、ふつうの洗顔料で洗う以上にツルツルの洗い上がりになりますが、使いすぎると健康な肌も分解して削ってしまうことになります。毎日使用した結果、肌が乾燥しやすく敏感肌になってしまうこともあります。

成分

グリセリン、水、パルミチン酸、ラウリン酸、ミリスチン酸、水酸化K、ケイ酸（Al/Mg）、PEG-6、PEG-32、ステアリン酸、PEG-8、ソルビトール、ラウリルグルコシド、ステアリン酸ソルビタン、ベヘン酸、ベントナイト、亜硫酸Na、水酸化Al、酸化チタン、**パパイン**、リン酸、アセチルヒドロキシプロリン、加水分解ヒアルロン酸、ポリクオタニウム-22、PEG-9M、ポリクオタニウム-10、ヒアルロン酸Na、アクリル酸アルキルコポリマー、香料

パパイン

パパイヤ由来のタンパク質分解酵素の一種。肌の古い角質（＝タンパク質）を分解するとしてピーリング剤にも使われる。

選び方のポイント

●健康な皮膚は弱酸性。そのバランスを保つのも弱酸性の洗顔料。

●カルボン酸系洗剤（酸性石けん）なら低刺激でしっかり洗える。

●ピーリング剤配合は、使いすぎると肌が弱くなる恐れが。

【泡洗顔料】

Foaming face wash

便利な分だけ割高。オススメは、目や傷口に染みない商品

ラウレス-6カルボン酸Na

ラウレス‐5カルボン酸Naと同じく「酸性石けん」で、比較的水に溶けやすく、泡立ちが良い。

成分

水、**ラウレス‐6カルボン酸Na**、ラウロイルグルタミン酸Na、パンテノール、ビサボロール、アラントイン、キサンタンガム、ソルビン酸、メチルパラベン、プロピルパラベン、フェノキシエタノール、香料

ベビーセバメド
フェイス＆ボディウォッシュフォーム

400ml・1800円

"泡ポンプ"はコスパが悪い？

ボトルを押すと、はじめから泡で出てくる"泡ポンプ"の洗顔料が人気です。

最近になって、各社が泡で出てくるボディソープや洗顔料を競って発売しはじめました。たしかに泡で出てくるソープは子どもにも使いやすいですし、大人が使ってもいちいち泡を立てる面倒な作業をしなくてよいので嬉しいですね。

しかし、泡で出てくるソープには、私たちにとってあまり嬉しくないポイントもあるのをご存じでしょうか。それは「コスパが良くない」ことです。

知られざるメーカーの工夫

じつは泡洗顔料は、はじめから泡立ちを良くするために、洗浄剤溶液の濃度が薄くなっています。

皆さんも経験からご存じでしょうが、洗剤は水を加えなければ泡立ちません。つまり泡ポンプの中身は水で薄められた洗剤液なのです。そのため泡ポンプの洗顔料は、通常のペーストタイプやリキッドタイプなど使用時に水を加えるものと比較して、倍以上消費が速くなります。

さらに泡ポンプの洗顔料は、容器が特別な構造で、そのコストの分、ボトル費が高いです。ボトル費が高くなれば、それだけ内容物そのものの価格よりも売値は高くなるということになります。泡ポンプは人気ですが、このタイプの洗顔料を購入する際には、まずはこれらのポイントを了解しておきましょう。

本項ではこの点もしっかり考慮しつつ「優秀な泡ポンプ洗顔料」とはどんなものか、その見抜き方もお知らせしていきたいと思います。

選ぶなら目に染みない洗顔料を

ネットのクチコミやレビューサイトを眺めていると、泡洗顔料には「とても目に染みる」というコメントが多いのに気がつきます。

成分
水、ラウロイルメチルアラニンTEA、DPG、PEG-60水添ヒマシ油、フェノキシエタノール、ラウリミノ二酢酸2Na、メチルパラベン、ビサボロール、ローズマリー油、BHT
DPG
「ジプロピレングリコール」の略。安い商品に多用される保湿成分だが、目や肌への刺激を感じる人もいる。
惜しい
Not good

これは泡の質感を良くするために、洗浄液の粘性を増す成分を多めに配合したものが多いからです。その成分の筆頭格が「DPG（ジプロピレングリコール）」です。

DPGは敏感肌には刺激が懸念されます（34ページも参照）。しかしこの成分の問題点はそれだけではなく、とても目に染みるのです。子ども用の泡ソープでも同様の成分が入っている商品をよく見かけますが、もし目に入ったりすれば大泣き確定です。子どもでなくても毎回不快な思いをしなければなりません。よってDPGが成分表の上位にある泡洗顔料はまず避けるべきでしょう。

一般家庭などでも石けんを使用する場合が多いので、「洗剤＝目に入れば痛い」という固定観念ができあがっているかもしれませんが、低刺激の洗剤は少量程度目に入っても痛みはありません。一方で、石けんはアルカリ性なので目に入ると痛むのです。

敏感肌用の低刺激の泡洗顔料ならば、目に染みて痛む可能性がより低くなります。アミノ酸系界面活性剤や、「洗顔料」の項で紹介した「酸性石けん（ラウレスカルボン酸ナトリウム）」などの成分が使用されたものを選びましょう。

手に入れやすい酸性石けん

「ラウレス-5カルボン酸ナトリウム」「ラウレス-6カルボン酸ナトリウム」などの酸性石けんは、敏感肌向けの低刺激洗剤として昨今注目を集めています。しかし現状ではまだメジャーな成分ではないため原価が高く、市販の大量生産商品ではなかなか実用化できないという問題を抱えています。

しかし泡ポンプタイプなら洗浄成分を薄めて入れられますので、全体的な原価を抑えて商品化が可能となったのでしょう。ロート製薬の「ベビーセバメド フェイス&ボディウォッシュフォーム」は、ドラッグストアでも購入可能な酸性石けん主成分の洗顔料兼ボディソープです。過度の脱脂をせず、傷口や目に入っても染みません。「ベビー」とありますが、大人でももちろん使えるさっぱり感重視の低刺激洗浄剤です。

ただ難点として、やや匂いが強く、DPGのような泡立ちを補助する増粘成分を配合していないので泡がやや緩めです。それでもドラッグストアで購入できる商品としてはとても優秀な一品です。

洗顔料を変えることで、どれくらい洗い上がりが違うか。それを体験する第一歩として、まず使っていただきたいと思います。

成分

水、DPG、PEG-400、ラウロイルメチルアラニンNa、ココイルグルタミン酸Na、ラウリルヒドロキシスルタイン、セラミドNG、ラウロイルアスパラギン酸Na、PEG-60水添ヒマシ油、ラウリン酸、クエン酸

選び方のポイント

- ●泡ポンプタイプは洗剤の濃度が薄め。そのため減り方は速い。
- ●泡立ちを良くするDPGなどの成分が刺激になる可能性がある。
- ●アミノ酸系界面活性剤や酸性石けんなら肌にも目にも優しい。

【クレンジングオイル】

Cleansing oil

原料のオイルは多種多様。その種類が使い心地のカギ

コメヌカ油
米糠由来の油脂。抗酸化成分のビタミンEなどを豊富に含むほか、皮脂と似ていて、肌のバリア機能を補う効果も期待できる。

アルガニアスピノサ核油(アルガンオイル)
アルガンツリーの種子から採れる油脂。抗酸化成分を含み酸化（変質）しにくいうえ、不飽和脂肪酸が肌質を柔軟にする。

オススメ

成分

コメヌカ油、トリイソステアリン酸ＰＥＧ-20グリセリル、アルガニアスピノサ核油、イソステアリン酸ＰＥＧ-３グリセリル、アルニカ花エキス、フユボダイジュ花エキス、セイヨウオトギリソウ花／葉／茎エキス、セージ葉エキス、セイヨウノコギリソウエキス、ゼニアオイエキス、トウキンセンカ花エキス、スギナエキス、カミツレ花エキス、スクワラン、トコフェロール

アルガンビューティー クレンジングオイル

150ml・2800円

オススメ

成分

アルガニアスピノサ核油（アルガンオイル）、テトラオレイン酸ソルベス-30、セスキオレイン酸ソルビタン、香料、ダマスクバラ花油、ゼラニウム油

ローズ ド マラケシュ ディープ クレンジングオイル

120ml・4000円

成分

トウモロコシ胚芽油、パルミチン酸エチルヘキシル、トリ（カプリル酸／カプリン酸）グリセリル、ミリスチン酸イソプロピル、ジオレイン酸ポリグリセリル-10、ジカプリン酸ポリグリセリル-6、オレイン酸ポリグリセリル-2、メドウフォーム油、フェノキシエタノール、リナロール、スクワラン、ツバキ種子油、ホホバ種子油、ラウロイルサルコシンイソプロピル、サフラワー油、ジカプリリルエーテル、炭酸ジカプリリル、トコフェロール、ゲラニオール、ダイズ油、クエン酸ステアリン酸グリセリル、シア脂、リン脂質、オタネニンジン根エキス、ダイサンチクエキス、クエン酸、香料

トウモロコシ胚芽油

肌を柔軟にする効果があり、保湿成分として使われる。リノール酸が多く、肌なじみが良い。そのうえ低刺激。

オススメ

シュウ ウエムラ
アルティム8∞ スブリム ビューティ クレンジング オイル

150ml・4400円

“本物”のクレンジングオイル

「クレンジングオイル＝乾燥する」と考えている女性はとても多いようです。しかし私が思うに、このような商品は、いわば“偽物”です。

たしかに市販されているものの多くは、厚化粧でも根こそぎ洗浄できる非常に強力なクレンジング力を持っています。しかし、「洗浄力が強い」とは、肌に必要な水分や油分など、天然の保湿成分も一緒に洗い流されてしまうということ。そのような特性のクレンジングオイルが肌を乾燥させるのは確かなことです。

　そこで私がお勧めするのは、主に植物から得られる「油脂」という油を主成分にしたクレンジングオイルです。油脂の中では、オリーブオイルや馬油、アルガンオイルなどが美容オイルとして人気ですが、このような「高級美容オイル」として使用されるような成分を、贅沢にも主成分として配合しているクレンジングがあるのです。

　特にイチオシは「アルガンビューティー　クレンジングオイル」。

こちらは米糠《こめぬか》から得られる「コメヌカ油」を主成分として、高級美容オイルで知られる「アルガニアスピノサ核油（アルガンオイル）」を10％も配合しています。

コメヌカ油やアルガンオイルは、その成分中にたくさんの抗酸化成分（ビタミンEなど）が入っており、油脂の弱点である〝酸化〟を抑えることができます。酸化しやすい油脂の場合、皮膚の表面で変質して肌トラブルを引き起こす懸念がありますが、アルガンオイルなどはその心配もありません。

油脂とミネラルオイルの違い

じつは、一口に「オイル」といってもさまざまな種類があり、市販の安価なクレンジングオイルの多くには、「ミネラルオイル（通称・鉱物油）」が配合されています。これは非常に油汚れを溶かしやすく、メイク汚れだけでなく肌本来の保湿成分としての油分も一緒に洗い流してしまう成分です。

この成分は石油からも植物オイルからも作れるため、製造コストが低く安価な成分で、それゆえ市販のクレンジングに多く配合されます。オイル自体に刺激などはありませんが、クレンジングとして使用する場合、脱脂能力がとても高くなってしまうのが欠点です。

一方で、油脂は人の皮脂の主成分でもあります。そのためこれをメインに配合したクレンジングは、もし肌に残ったとしてもそのまま皮脂同様の保湿成分として肌を守ります。

おかげで洗い流し後の肌はクレンジング後とは思えないほどしっとり。W洗顔は必ずしも必要なく、湿気の多いお風呂場でも問題なく使用できます。

また油脂はオイルなので洗浄力も十分です。強力なウォータープルーフマスカラなどは落としにくい場合もありますが、それでもり

成分
ミネラルオイル、イソステアリン酸ＰＥＧ‐８グリセリル、エチルヘキサン酸セチル、シクロメチコン、水、ホホバ種子油、イソステアリン酸、グリセリン、ジカプリン酸ＰＧ、フェノキシエタノール
ミネラルオイル
主に石油から精製されるオイル。低刺激で安全な成分だが、クレンジングに用いると脱脂能力が強すぎることが難点。
Not good
惜しい

キッドやジェルクレンジング、クリームやミルクタイプのクレンジングと比較すると、洗浄力は高めです。

効果は「しっとり」だけじゃない！

油脂系クレンジングのもう一つの特徴として、メインの油脂に含まれるオレイン酸やリノール酸などの「不飽和脂肪酸」には肌の柔軟効果があります。特にアルガンオイルはそのような効果が期待され、これを配合するだけで、他の油脂だけでは出せない柔らかな肌の質感を感じることができます。

ローズ ド マラケシュの「ディープクレンジングオイル」は120㎖で4000円とやや高額ですが、主成分としてアルガンオイルを使用している贅沢な油脂系クレンジングオイルです。

またクレンジングオイルで大人気のシュウ ウエムラの「アルティム8∞ スブリム ビューティクレンジング オイル」は、トウモロコシ胚芽油という油脂を主成分にしています。こちらも肌の柔軟効果に秀でたオイルですね。根強い人気にはそれなりの理由があった、ということです。

選び方のポイント

- 洗浄力が強い商品は、肌が持つ保湿成分まで奪い、乾燥の原因に。
- ミネラルオイルより、人の皮脂に近い「油脂」がいい。
- 不飽和脂肪酸を多く含む油脂なら、肌質が柔らかくなる！

【クレンジングリキッド／ジェル】

Cleansing liquid/gel

問題は「メイク落ち」だけじゃない。刺激成分にも注意！

洗浄力がイマイチで肌に負担も

クレンジングリキッドの基本成分は「水＋界面活性剤」です。ですが、リキッドのクレンジングを使用したことのある方はご存じのように、こちらはふつうの洗剤のように豊かな泡は立ちません。これはなぜでしょうか？

ここでも、オイルと同じく界面活性剤の〝種類〟が関わってきます。

オイル・リキッド・ジェル系を問わず、クレンジングに配合されているのは「非イオン界面活性剤」というもので、一般的な洗剤に使用されている「陰イオン界面活性剤」とは種類が異なっているからです。特に、メイクを乳化するクレンジング用の非イオン界面活性剤は、ほとんどのものは泡立ちが弱く、その代わりに、効率的に油汚れを浮かします。

成分
水、DPG、トリイソステアリン酸PEG-20グリセリル、イソステアリン酸PEG-20グリセリル、BG、エタノール、メチルグルセス-10、PEG-32、PEG-6、ゼニアオイエキス、クエン酸、クエン酸Na
DPG
「ジプロピレングリコール」の略。安い商品に多用される保湿成分だが、目や肌への刺激を感じる人もいる。
トリイソステアリン酸PEG-20グリセリル
非イオン界面活性剤の一種で低刺激。効率的に油汚れを浮かすが、水主体のクレンジングでは洗浄力が不足しがち。
Not good
惜しい

しかし、油が水に溶けないように、基本的に「油汚れ」といえるメイクは水に溶けません。オイルクレンジングがオイル同士溶け合ってメイク汚れを落とすのと比較すると、水主体のリキッドに界面活性剤の力だけで油（メイク汚れ）を溶かすのはかなり無理がある作業です。

ですので、クレンジングリキッドやそれと同系統のクレンジングジェル（これはリキッドにゲル化剤を

惜しい
Not good

成分

水、**DPG**、**トリイソステアリン酸PEG-20グリセリル**、ペンチレングリコール、コメ発酵液、グルタミン酸、アルギニン、ロイシン、プラセンタエキス、アルブチン、グリチルリチン酸２K、シクロヘキサン-1，4-ジカルボン酸ビスエトキシジグリコール、イソステアリン酸PEG-20グリセリル、ヒドロキシプロピルシクロデキストリン、カルボマー、水酸化Na、ブチルカルバミン酸ヨウ化プロピニル、メチルパラベン、香料

加えただけ）は、オイルと比べて圧倒的に洗浄力が弱いです。そのためついつい時間をかけてクレンジングしてしまいがちで、かえって肌に必要な保湿成分などを流してしまい、「洗浄力が弱いのに乾燥を招く」こともよくあります。

また、メイクを浮かす際に手で摩擦を加える必要があるため、その摩擦も肌に負担をかけてしまいます。前項で短時間に負担なく落とせる油脂系のオイルを紹介しているので、それと比べると、どの商品もどうしても見劣りしてしまうように思います。

なので、クレンジングに関してはオイル（特に油脂）系を使ってほしい、というのが私の意見です。

エタノール、DPG、PG、ホットクレンジングは避ける

非イオン界面活性剤自体は皮膚への刺激性が低く、とても安全な成分です。「界面活性剤は肌に悪い」と思っている人も多いですが、クレンジングの界面活性剤にはとりあえず刺激の懸念はありません。

それでも前述の基本的な性質を考えると、オススメといえるリキッド・ジェル系のクレンジングはあまりないのですが、クレンジングオイルが苦手な人のために、リキッド・ジェル系を選ぶ際のポイントをお伝えしましょう。

成分

グリセリン、DPG、水、ヤシ油脂肪酸PEG-7グリセリン、（アクリル酸アルキル／メタクリル酸ステアレス-20）コポリマー、オレンジ油、カラメル、オウバクエキス、トコフェロール、α-アルブチン、海塩、シアノコバラミン、スクワラン、ハチミツ、ヒアルロン酸Na、トリ（カプリル酸／カプリン酸）グリセリン、ヘマトコッカスプルビアリスエキス、テトラヘキシルデカン酸、アスコルビル、加水分解コラーゲン、ミツロウ、ダイズ油、セレブロシド、酵母エキス、ローヤルゼリーエキス（以下略）

グリセリン、DPG
配合濃度が高い場合、水を加えることで発熱するが、発熱量は不安定。その熱も、敏感肌には刺激になる可能性がある。

惜しい
Not good

特に良くないものを避けるのはそれほど難しいことではありません。クレンジングリキッドの選び方は、化粧水の場合とよく似ています。成分の上位にエタノールやＤＰＧ、ＰＧなどといった成分が入っている場合、敏感肌には負担になりやすいので避けたほうがよいでしょう。

　また、最近、雑誌や有名人のブログなどでよく取り上げられているクレンジングに「ホットクレンジングジェル」というものがありますが、これも敏感肌の方にはお勧めできません。

　このクレンジングは、メイクになじませていくと徐々にジェルが温かくなり、汚れを浮かしやすくなる……という不思議な商品。しかし、これは超高濃度で配合される多価アルコール類のグリセリンやＤＰＧなどが水分と混ざった際に発熱する化学反応を利用したものです。うまく少量ずつ水分を含ませられれば、ゆっくりあったかくなりますが、いきなり多量の水分を混ぜてしまうと急激に発熱する可能性があります。こうなると危険です。

　そのうえＤＰＧの配合が多いものがほとんどで、目に入った際にとても痛いので気をつけましょう。

　洗浄力もジェルらしくかなり低めです。毛穴が目立たなくなるとうたっていますが、落とせるのは、あくまで毛穴の「メイク汚れ」まで。角栓を取ることまで期待して使い続けると、肌へ負担をかけてしまいかねません。

選び方のポイント

- ●洗浄力の弱さが、逆に肌の乾燥を招く恐れがある。
- ●使用時につい肌をこすりがちで、その摩擦も肌の負担になる。
- ●ホットクレンジングには刺激成分、不安定な発熱などの問題が。

洗浄力をコントロールする

トラブルを根本から断つケア

洗顔後、「お肌が乾燥する」と感じたことはありますか？　また、髪を洗った後、やたらとパサついたり広がったり、頭皮にかゆみ・フケが出て困ったことはないでしょうか？

おそらく、ほとんどの方がこのような経験があると思います。

肌や髪を健康に保とうと思うなら、何らかの手段で保湿成分を補うよりも、その手前で乾燥の原因を断つほうが手っ取り早く、より肌・髪を傷めずにすむのです。ここでは、私が提案している洗浄コントロール法として「オフスキンケア」と「プレシャンプー」を紹介します。保湿アイテムを買う前に、根本から肌・髪質を変えるこれらの方法をぜひ試してみてください。

肌乾燥の原因は「洗いすぎ」

毎日毎朝、きちんと洗顔する。そして洗顔後はお肌が乾燥するから、たくさんの化粧品を使って必死にお肌を潤す。特に女性では、このような方は多いでしょう。

かくいう私もアトピー体質で、極度の乾燥肌の持ち主だったので、例に漏れずたくさんの基礎化粧品を使って、洗顔による肌の乾燥をごまかしていました。

しかしあるときを機に、私はこの行為が非常に非効率であるような気がしてきたのです。そもそも、肌はそれ一つで完成しているはずの器官です。世界中の動物を眺めてみても、洗顔後にわざわざ何かを塗って保湿しないと肌がガサガサになってしまうような生き物は、人間（の主に女性）のみなのです。これは不思議なことではないでしょうか。

じつは我々は、とてもムダなことをしているのではないか……。そう感じたことが、私が「オフスキンケア」というスキンケア法を考えたきっかけでした。

洗顔する前には特に乾燥を感じないのに、洗顔を済ませたとたん肌が引きつるような乾燥を感じる。

しかし、もともと人の肌は勝手に皮脂を分泌し、角質の分解によってみずから保湿成分を生成します。これが足りている肌は、特に乾燥を感じないはずなのです。ひどい乾燥を感じるということは、洗顔によってこの油分や水分が過剰に取り去られているということなのではないでしょうか。


もし洗浄力を調節して、肌に必要な水分や油分を十分残した状態で洗顔を終えることができたとしたら、肌はその状態で十分潤っているので、高い化粧品をあれもこれもと使う必要はなくなります。

洗浄力がカギのオフスキンケア

私が「オフスキンケア」と名づけた肌の改善法は、たんに洗顔を行なわないとか、基礎化粧品を使わないというものではありません。

たしかに洗顔をいっさい行なわないとか、基礎化粧品をやめるというスキンケアも注目されています。しかし昨今の女性はみな「メイク」をするのが当然となっていますし、洗顔をいっさいしないというのは現実的ではありません。


しかも、これまでずっと「洗顔→保湿」を繰り返してきた肌が、いきなりその両方、あるいは片方をピタリとやめて対応できるはずがありません。角栓やくすみが溜まり、ニキビや脂漏性湿疹などができやすくなったり、極度の乾燥に悩むこともあります。

そこでオフスキンケアでは、洗顔料の「洗浄力」に着目しました。

この本でも触れたように、私たちが日々用いる洗顔料に使われている「洗浄成分(界面活性剤)」には、洗浄力の高いものや低いものなど、さまざまな種類があります。

私はこの洗浄成分の種類に目を付け、ひどい乾燥肌や敏感肌の人はカルボン酸系やアミノ酸系(89、119ページ参照)などの洗浄力の優しい成分を選ぶことで、洗顔後の肌の乾燥を抑えることができるのではないかと考えたのです。

　普段使っている洗顔料をこれらの洗顔料と取り替えて、あとは最低限の保湿化粧品さえあれば準備完了です。過剰な洗浄を行なわないため、肌がキュキュッとする洗い上がりにはなりませんが、洗顔後からお肌がしっとりしています。保湿化粧品もそんなに必要ないと感じるはずです。

　長く続けていけば、お肌が勝手に水分や油分を蓄えてくれるようになるので、化粧品の使用量はどんどん減っていきます。オフスキンケアの「オフ」とは、「化粧品を使ったスキンケアをしなければならない」、そういった固定観念から抜け出すという意味も込めています。

　乾燥肌や敏感肌などに効果抜群でやり方も簡単、お財布にも優しく、さらにメイクなどもOKの、まさに究極のスキンケア法です。

髪も洗浄コントロール！

「洗浄」を工夫することでキレイに維持できるのはお肌だけではありません。「乾燥してパサつく」とか「ベタつく」という髪の毛の不調も、洗浄を調節することで解決できる場合があります。

　そもそも「髪がパサつく」という状態は、簡単に言えば「洗いすぎ」です。髪もお肌と同じように、健康な状態を維持するにはいくらかの保湿成分と油分を蓄えておく必要があります。

　しかし昨今のシャンプーは洗浄力が高すぎるものが多いため、こういったシャンプーを日常的に使用することで髪が乾燥状態にある人が多いのです。つまりは「洗いすぎ」です。

　これを補おうとトリートメントをする人も多いですが、どれだけ保湿効果の高いトリートメントをしたところで、洗いすぎをやめなければ、すぐに「乾燥毛」に逆戻りです。「最近髪が乾燥するなぁ」「広がったり、静電気がひどいなぁ」と感じたときは、トリートメントではなくシャンプーの洗浄力に注意してみると、意外と早く改善するかもしれません。

先に不要な油分を取る

　また最近では、非常に皮膜力の強いワックスや、油分を多く含んだトリートメントが人気を博しているため、髪の毛に大量の油分がついたままになっている人が多いです。

「シャンプーしたのに髪がベタつく」という症状は、そういった油分が少しずつ髪に蓄積し、残留してしまっているからです。このタイプの髪のトラブルは、トリートメントでは絶対に治りません。油分が多すぎて不調になっているのですから、その上に油分を補給する方法（トリートメント）は逆効果です。

　こういった症状の基本的な原因は、ワックスやトリートメントなどで補給する油分と、シャンプーで洗い流す油分のバランスが取れていないことです。「10」の油を足したのに「5」の洗浄しかできていなければ、髪の毛には毎日「5」の油が追加されていくことになりますね。

　そこで最近は、シャンプーを2回する「2度洗い」が主流になっています。「プレシャンプー」とはそのうち1回目のシャンプーのことを指します。

上手な使い分けをするには

　しかし、ここで高洗浄のシャンプーで頭を2回洗ったら、どうなるでしょう。ワックスなどがついているわけでもない普通の油分量の頭皮は、どんどん油が奪われて荒れ、刺激を受けやすくなっていきます。傷みがちで油分が少ない毛先も乾燥していきます。

　2度洗いをするなら、少し工夫して、1度目と2度目のアイテムを変えることがオススメです。最初のシャンプーはしっかり洗えるものを、2度目ではとことん肌に優しいものを選ぶのです。

　本書の「シャンプー」の項でもご紹介しましたが、油分の除去を得意とする「プレシャンプー」専用のシャンプー」なども発売されています。そういうシャンプーでケアするように心がけると肌に優しく、そして髪がベタつく症状に悩まされることも少なくなるでしょう。

【化粧水】

Lotion ／ Toner

成分の大半は〃水〃。その中で価値あるコスメを選ぶには？

オススメ！

グリセリン

保湿性が強いので化粧品の主成分によく使われる。皮膚への刺激やアレルギー性が弱く、使用感は比較的「しっとり」。

BG

別名「1，3 - ブチレングリコール」。グリセリンと同じく低刺激で、化粧水の主成分に多用される。使用感は「さっぱり」。

成分

水、**グリセリン**、**BG**、ジグリセリン、プラセンタエキス、加水分解ヒアルロン酸、加水分解ヒアルロン酸アルキル（C 12-13）グリセリル、ヒアルロン酸ヒドロキシプロピルトリモニウム、加水分解コラーゲン、水溶性コラーゲン、セラミド２、ユビキノン、水溶性プロテオグリカン、ペンチレングリコール、（ＰＥＧ-240 ／デシルテトラデセス -20 ／ＨＤＩ）コポリマー、キシリトール、メチルパラベン、エチルヘキシルグリセリン、クエン酸 Na、ＰＥＧ-20、ポリソルベート 20、クエン酸、ＰＰＧ- 4 セテス -20、フェノキシエタノール、ＤＰＧ、水添レシチン

素肌しずく
ぷるっとしずく化粧水

200ml・980円

第一に、エタノールを避ける！

良い化粧水を選ぶための道のりは、まず「エタノール」という成分を避けることから始まります。エタノールとは、皆さんもご存じのアルコール。お酒の主成分でもありますね。

エタノールは水溶性が高く、古くから化粧水のベース成分として利用されています。しかし、エタノールはベースとして使われる成分の中では特に皮膚刺激の強いものの一つでもあり、敏感肌には向きません。また、お酒が飲めない人がいることからわかるように、エタノールが体質的に合わない人もいます。

さらにエタノールには「揮発性」という特徴的な性質があります。エタノールはとても蒸発（揮発）しやすく、その揮発の際に周囲の

水分も一緒に持っていってしまうのです。エタノールが肌につくとひんやり感があるのは、揮発時に周囲の熱エネルギーを吸収するためです。

　このことからエタノール主体の化粧水は乾燥を招きやすいといわれているにもかかわらず、市販の安価な化粧水から老舗ブランドの高級化粧水まで、今でも幅広い商品に多用されています。

収れん化粧水のトリック

　そんなエタノールは「収れん化粧水」にも使われています。このタイプの化粧水は使用後にはキメが整い、毛穴が縮み、一時的に肌がきれいになったように見えるので人気があります。

　しかしこれはエタノールや植物から取った「ハマメリス水」などの皮膚に微妙に刺激になる成分を化粧水に配合して、肌表面の組織を萎縮させることで得られる作用です。収れん化粧水に拭き取り式が多いのはこのためで、長時間皮膚に触れていると敏感肌では肌荒れを起こすことが懸念されます。

さっぱり「BG」、しっとり「グリセリン」

　低刺激で使いやすい化粧水は「BG（1，3-ブチレングリコール）」や「グリセリン」を主成分としています。

　これらはエタノールと比べて分子のサイズが大きく、皮膚への刺激性が弱い成分です。肌に優しい化粧水を探すときは、とりあえず主成分がBGもしくはグリセリンになっているものを選びましょう。

エタノール
酒の主成分。皮膚への刺激がある他にも、アレルギー性や蒸発（揮発）によって肌を乾燥させるという欠点がある。

成分
水、**エタノール**、BG、ローズマリー葉水、シソ葉エキス、セージ油、セージ葉エキス、チョウジエキス、ベタイン、リノール酸、ワイルドタイムエキス、加水分解ヒアルロン酸、EDTA-2Na、PPG-6デシルテトラデセス-20、グリセリン、リン酸2Na、リン酸Na、メチルパラベン、香料

惜しい

成分

水、**エタノール**、カロットエキス、**ハマメリス水**、ＰＥＧ-20、ジプロピレングリコール、ＰＥＧ-60水添ヒマシ油、グリセリン、ジメチコンコポリオール、クエン酸Na、メントキシプロパンジオール、クエン酸、プロピレングリコール、パラベン

ハマメリス水

植物の「ハマメリス」由来。肌を引き締める（収れん）作用があるが、これは肌に刺激を与えることによって起こるもの。

ちなみに使用感としては、ＢＧが比較的さっぱりした質感で、グリセリンはしっとり感が強くなります。「化粧水はさっぱりが好き！」という方はＢＧを主成分にしたもの、しっとり感重視の方はグリセリンが多めに配合されているものを選ぶとよいでしょう。

「高ければ良いもの」は間違い

ＢＧと似た名前で「ＰＧ」という成分があります。これは分子が小さく皮膚刺激が懸念され、最近ではあまり使用されなくなった成分です。

また、「ＤＰＧ」という成分もありますが、これも同様に皮膚刺激の恐れがあります。こちらは最近ではＰＧの代わりに安価な化粧品によく配合されているので気をつけましょう。

高級老舗ブランドの製品でも、エタノールやＰＧ、ＤＰＧなどの成分を主成分にしている化粧水は山ほどあり、１００mlでも４０００～５０００円くらいするものもあります。

このような例でもわかるように、化粧品は高ければ良いというのは間違いです。特に化粧水はその大半は〝水〟なのですから、特別高級な成分でも使っていないかぎり、それほど高額にはならないはずなのです。

中には市販の安価な商品でも肌に優しく良い商品はあります。アサヒフードアンドヘルスケアの「素肌しずく　ぷるっとしずく化粧水」は２００mlと大容量で９８０円、詰め替え用ならさらに割安という、とてもリーズナブルな商品です。

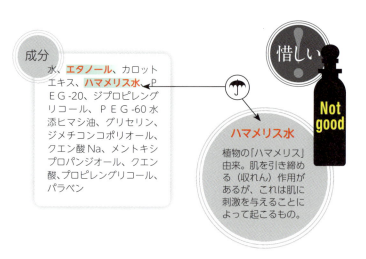

主成分には低刺激のグリセリンとBGが使われ、肌の正常な代謝を促すプラセンタエキスや肌のバリア成分であるセラミド2、アンチエイジングに重要な抗酸化成分のユビキノンなど多種の美容成分が配合されています。加えてヒアルロン酸、コラーゲン、プロテオグリカンなど、保湿成分も盛りだくさんです。

もちろん化粧水なので主成分以外の成分は微量ではありますが、全体の容量が多く安価なので心置きなくたっぷりと使用できますね。

グリセリンが主成分に配合されているので、やや粘度があり、〝しっとり〟度の強い使用感になります。

選び方のポイント

●皮膚刺激があるうえに乾燥まで招くエタノールは避けること!
●肌に優しいのはBGとグリセリン。しっとり好きなら後者を。
●高い商品も内容のほとんどは〝水〟。価格が妥当かどうか考えよう。

【自然派化粧水】

Nature faction lotion

イメージに惑わされず、効果とリスクを比べて賢い使い方を

「ナチュラル＝肌に良い」のか？

「自然派化粧品」に厳密な定義はありませんが、おおまかには「植物成分を主に使用したもの」というイメージがあると思います。「オーガニックコスメ」という呼び方もありますね。たとえば「カミツレエキス」とか「ラベンダー油」のような草や花などの名前のついた成分が多く配合されている化粧品だと、そのように呼ばれます。

最近ではこういった自然派化粧品のみを扱っている専門のブランドも生まれてきており、このタイプの化粧品を手にしたことのある女性は多いでしょう。これは「科学が生み出した合成の成分などより、自然が作った天然の成分のほうが人体に安全なはず。安心して使用できそう」と考える消費者が多いからだと思われます。

メーカー側もリスクを知っている

しかし実際のところは、この考え方には大きな誤解があります。

じつは、天然の植物成分などは人に対して安全どころか、むしろ刺激が強く、アレルギーなどのリスクが大きい場合が多いのです。なぜなら、植物の多くには〝毒〟があります。植物は動いて逃げることができないため、あらかじめ自身の身体に毒を仕込んで外敵に備えているのです（138ページ参照）。

植物から直接成分を抽出すれば、この毒素も当然含まれてしまうので、化粧品では植物から得られる成分（植物エキス・精油）は基本的にごく微量にしか配合されません。皮膚に塗っても刺激やアレルギーのリスクが小さくなるように処方されています。

自然派化粧品には「〜エキス」という成分が何種類も配合され、そのうえ、さもその成分の効果がすごいかのように宣伝しているものもありますが、実際にはそれら

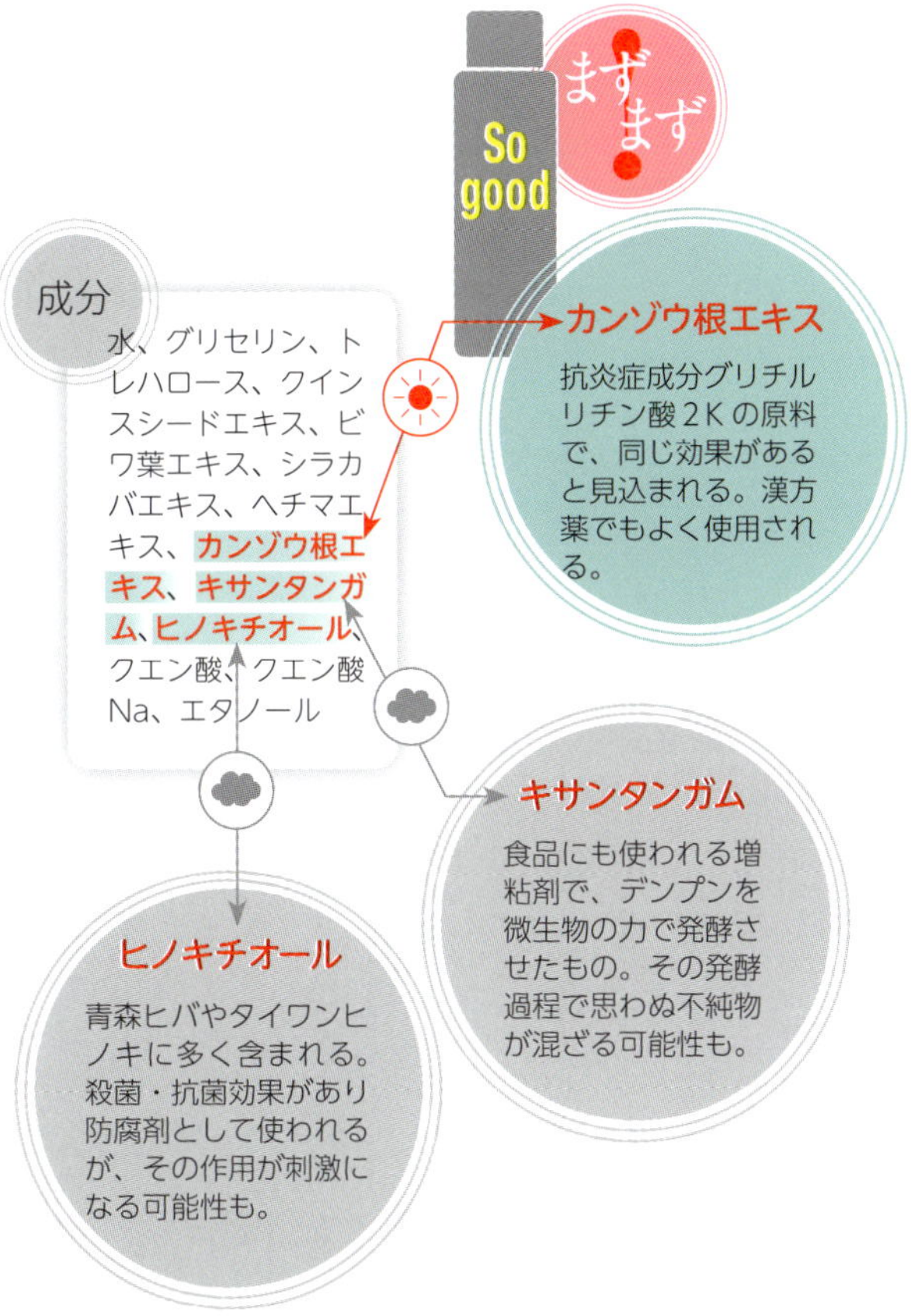
まずまず
So good
成分
水、グリセリン、トレハロース、クインスシードエキス、ビワ葉エキス、シラカバエキス、ヘチマエキス、カンゾウ根エキス、キサンタンガム、ヒノキチオール、クエン酸、クエン酸Na、エタノール
カンゾウ根エキス
抗炎症成分グリチルリチン酸2Kの原料で、同じ効果があると見込まれる。漢方薬でもよく使用される。
キサンタンガム
食品にも使われる増粘剤で、デンプンを微生物の力で発酵させたもの。その発酵過程で思わぬ不純物が混ざる可能性も。
ヒノキチオール
青森ヒバやタイワンヒノキに多く含まれる。殺菌・抗菌効果があり防腐剤として使われるが、その作用が刺激になる可能性も。

の配合量は驚くほど少なく、肌に劇的な影響を与えるほどのものではないのです。ですから「〜エキス」をあれもこれもと10種類も20種類も配合したような化粧品を作ったとしても、それは特に意味のないことです。

むしろ植物抽出エキスはエタノールなどの溶剤に溶かしてあるものが多く、エキスの種類に比例してこういった溶剤も増え、逆に肌に負担になる商品になってしまうケースも少なくありません。

シンプルな構成が理想

もちろん植物エキスなどの成分には、種類によってはそれなりの効果が見込めるものもあります。たとえば「カンゾウ（甘草）」という植物は、医薬品の抗炎症成分に使われる「グリチルリチン酸ジカリウム」という有効成分の原料です。そのため甘草から取り出した「カンゾウ根エキス」などには、同様の抗炎症効果などが期待できます。

こういった効果的な成分のみを厳選し、できるだけ肌に負担を与えないシンプルな構成で作った化粧品があったとしたならば、それは優れた「自然派化粧品」といえるでしょう。

ここで例に挙げたのは、自然派といえる化粧水の中では比較的この理想型に近いものです。主成分はグリセリンと低刺激なベース成分となっており、配合されるエキスは先ほど紹介したカンゾウ根エキスを含めて5種類のみです。増粘剤には天然成分の「キサンタンガム」を使用し、防腐剤として青森ヒバなどから得られる芳香成分である「ヒノキチオール」を代用しています。

植物成分のみから作り上げた化粧水としては、なかなか刺激などを抑える工夫があり、ある程度お肌の弱い方でも使用できると思います。

適度な合成成分は肌の味方！

しかし、それでも安全性抜群というわけではないのは先にも述べたとおりで、たとえば増粘剤のキサンタンガムは微生物発酵で作る成分のため、思わぬ不純物が混ざっている懸念があります。そして、防腐剤代わりに使用しているヒノキチオールはヒノキ科の樹木の持つ天然の殺虫成分を抽出したもので、虫が嫌がる成分ですから人間の敏感肌にも刺激になることがあります。

合成成分は、一部のメディアや根も葉もない噂のお陰で攻撃の的になっていますが、じつはこのような天然の成分を無理に使うよりも、合成の増粘剤や防腐剤を少量使うことで、肌への総合的な負担を軽くできることも多いのです。「自然派！」と頑なにならず、適度に合成成分の力を借りるのも大切なことです。

選び方のポイント

- ●天然の植物成分には、天然の毒素も混ざっている！
- ●植物エキスの種類が多すぎず、成分が信頼できる商品を選ぶ。
- ●適度に合成成分を使ったほうが、じつは肌への負担は少ない。

成分

アロエベラ液汁、サリックスニグラ樹皮エキス、ローズマリー水、ラベンダー花水、アメリカヤマナラシ樹皮エキス、ウワウルシ葉エキス、コメエキス、ツボクサエキス、ジグリセリン、フランスカイガンショウ樹皮エキス、チャ葉エキス、ヤシ油、ベルガモット果実エキス、ローズウッド木エキス、コリアンダー種子エキス、イタリアイトスギ種子エキス、ソケイ花エキス、ラベンダーエキス、バニラ果実エキス、バラエキス、ローズマリー葉エキス、ヒバマタエキス、モモ果実エキス、セージ葉エキス、ダイズ油、リナロール

植物エキスには溶剤として刺激のあるエタノールなどが使われることが多い。また、植物自体の持つ毒素も見逃せない。

【乳液】

Milky lotion

手持ちの化粧水にセラミドの乳液で敏感肌をケアできる！

オススメ

ケアセラ　AP フェイス＆ボディ乳液

200ml・1200円
（編集部調べ）

成分

水、**グリセリン**、BG、ワセリン、トリエチルヘキサノイン、ミネラルオイル、ペンチレングリコール、ステアリン酸ソルビタン、ポリソルベート60、ラノリン、**セラミド1**、**セラミド2**、**セラミド3**、**セラミド6 II**、**セラミドEOS**、**カプロオイルフィトスフィンゴシン**、**カプロオイルスフィンゴシン**、**ジヒドロキシリグノセロイルフィトスフィンゴシン**、コレステロール、ベヘン酸、塩化Na、塩化K、ピリドキシンHCl、セリン、オリゴペプチド-24、ジメチコン、セタノール、ステアリルアルコール、トコフェロール、カルボマー、EDTA-2Na、TEA、セテアレス-25、PEG-60水添ヒマシ油、ベヘニルアルコール、フェノキシエタノール

グリセリン
保湿性が強いので化粧品の主成分によく使われる。皮膚への刺激やアレルギー性が弱く、使用感は比較的「しっとり」。

人間の肌の角質層にあるセラミドと似た働きをする成分。外部から補うことで肌のバリア機能を高めることができる。

オススメ

トゥヴェール ナノエマルジョン

50ml・2752円（参考価格）

成分

水、**ラウロイルグルタミン酸ジ（フィトステリル／オクチルドデシル）**、グリセリン、ＢＧ、ＤＰＧ、ペンチレングリコール、水添レシチン、乳酸桿菌／ワサビ根発酵エキス、ラウリン酸ポリグリセリル-10、ＰＣＡ-Na、**セラミド3**、ＰＣＡ、アルギニン、アスパラギン酸、グリシン、アラニン、セリン、バリン、イソロイシン、トレオニン、プロリン、ヒスチジン、フェニルアラニン、異性化糖、ローズマリー葉エキス、ポリクオタニウム-51、フェノキシエタノール、乳酸Na

ラウロイルグルタミン酸ジ（フィトステリル／オクチルドデシル）
こちらも擬似セラミドの一つ。長年、幅広いメーカーの商品に使用されており、安全性と実用性に定評がある。

セラミド3
加齢によって減るセラミドで、これを補うことでアンチエイジング効果が期待できる。

化粧水やクリームとの境界線は？

「化粧水の後は乳液でフタをする」という流れを肌のお手入れの基本だと考えている方は多いと思いますが、じつは乳液は成分の構成的には化粧水（ほぼ水）とクリーム（水と油が半々）の中間に当たります。

つまり、化粧水と乳液をセットにして考える必要は、本当はないのです。もし油分による「フタ」の役割として使用するのであれば、それはクリームでやってしまえばよいことです。

しかも安価な乳液の成分構成を見ると、化粧水の成分に少量の油を混ぜて白濁させ、それに粘性を与える増粘剤を加えているようなものをよく見かけます。つまり、色や質感は異なりますが、ほとんど化粧水と変わらないような内容です。

そのような「乳液」なら、必ずしも化粧水とセットにして使用しなければならないものではないといえます。習慣的に乳液を買っている方はその成分表をよく見て、「自分の使っている化粧水にはない、肌にプラスの効果があるかどうか」を考えてみてほしいと思います。

「ヒト型セラミド」配合乳液

ベースになっている成分は化粧水とさして変わらないものが多いので、乳液の刺激性を判断するのに重要なのは、化粧水と同様に、成分表の最初のほうにエタノール

DPG

「ジプロピレングリコール」の略。安い商品に多用される保湿成分だが、目や肌への刺激を感じる人もいる。

エタノール

酒の主成分。皮膚への刺激がある他にも、アレルギー性や蒸発（揮発）によって肌を乾燥させるという欠点がある。

成分

水、DPG、グリセリン、エチルヘキサン酸セチル、ミネラルオイル、エタノール、ジメチコン、イソステアリン酸ＰＥＧ-60グリセリル、ＰＥＧ-６、ＰＥＧ-32、キサンタンガム、ヒアルロン酸Na、ローヤルゼリーエキス、アセチルヒアルロン酸Na、ポリクオタニウム-51、ワセリン、ステアリン酸ＰＥＧ-５グリセリル、ベヘニルアルコール、ＰＥＧ-400、ステアリン酸、イソステアリン酸、ベヘン酸、カルボマー、水酸化K、ポリビニルアルコール、ＥＤＴＡ-２Na、ＢG、トコフェロール、フェノキシエタノール

やDPG、PGなどが入っていないかを見ることです。刺激のある成分が上位に配合されている乳液は、敏感肌の方なら肌荒れを起こすことがあります。メインの保湿成分は、BGやグリセリンといった低刺激の成分が入っているものを選びましょう。

じつは、現在私は乳液を使っていませんが、それでも買うとしたら、右の条件をクリアしたうえで、やはり「セラミド」や「セラミド類似体」の配合されたものを選びたくなります（セラミドについては次の項を参照）。化粧水の保湿効果に、セラミド配合の乳液でバリア効果まで追加できます。

肌バリアを構築するセラミド系成分配合で特に手に入れやすい商品といえば、「ケアセラ　AP フェイス&ボディ乳液」があります。ドラッグストアなどでも購入できるのでオススメです。

こちらは肌そのものに存在するバリア成分「ヒト型セラミド」を複数の種類加え、カプロオイルフィトスフィンゴシン、カプロオイルスフィンゴシン、ジヒドロキシリグノセロイルフィトスフィンゴシンなどのセラミド類似体を配合した乳液です。ロート製薬ではセラミドは複数種類を同時に補給するほうが効果的という考えからこのように多数の種類をそろえており、特に「ジヒドロキシ～」の成分はケアセラAPの同シリーズが世界初配合で、肌のセラミドを増やしていく効果が期待されているのだとか。

ベース成分もグリセリンやBGを主成分としていて低刺激ですし、価格も非常に良心的です。ワセリンやミネラルオイルなどの肌を保護する油分も配合。水分の蒸発を防いでくれます。低価格ながら本格的なセラミドが配合された商品はとても珍しいです。

贅沢なスペシャルケア

また同様に擬似セラミドを高濃度配合している乳液では、「トゥヴェール　ナノエマルジョン」も有名です。こちらは「ラウロイルグルタミン酸ジ（フィトステリル／オクチルドデシル）」という別の擬似セラミドを10％も配合しています。

セラミドは通常1％以下の微量配合が基本の成分なので、10％という濃度は驚きです。10％の濃度ともなれば肌に十分なバリア効果を与えることができ、荒れが気になるときや乾燥する冬場にも重宝します。もはや日常使いの乳液というよりは、一般には「美容液」と呼ばれるくらいの贅沢さです。
またこちらの商品でも、擬似セラミドだけでなく本物のヒト型セラミドの一種「セラミド3」も配合していますので、より効果的な肌バリアの補強が期待できます。

「ケアセラ　AP　フェイス&ボディ乳液」と比べるとやや高額にも見えますが、美容液クラスの高濃度セラミド乳液がこの値段というのは本来考えられない価格設定。敏感肌のスペシャルケア用として試してみるのもよいかもしれません。

選び方のポイント

- ●化粧水やクリームとの境界は曖昧。成分を見て必要性を考える。
- ●肌バリアを作るセラミド配合なら、保湿以上の効果が。
- ●ヒト型セラミドが一番だが、安価な擬似セラミドでも代用可能。

【美容液】

Beauty essence

真に重要なのは肌を〝守る〟こと

セラミド1〜6Ⅱ

すべて人間の肌・髪に存在するセラミド成分。バリア機能を担っている重要な成分だが、敏感肌・加齢肌に不足しがち。

成分

水、グリセリン、プロパンジオール、1，2-ヘキサンジオール、**セラミド1**、**セラミド2**、**セラミド3**、**セラミド6Ⅱ**、フィトスフィンゴシン、コレステロール、トリスヘキシルデカン酸ピリドキシン、ＰＣＡ-Na、セリン、グリシン、グルタミン酸、アラニン、リシン、アルギニン、トレオニン、プロリン、ヒアルロン酸Na、ポリクオタニウム-51、ヒドロキシプロリン、グリチルリチン酸２K、ベヘニルアルコール、エチルヘキシルグリセリン、ステアリン酸、ベタイン、ソルビトール、キサンタンガム、カンテン、カルボマー、水添レシチン、ペンタステアリン酸ポリグリセリル-10、ラウロイルラクチレートNa、ステアロイルラクチレートNa、クエン酸、クエン酸Na、水酸化K

オススメ！

**シェルシュール
モイスチャー
マトリックスN**

30ml・4800円

肌に必要なのは防御成分

わざわざ美容液を購入するなら、「お肌に本当に良い成分がしっかり入ったものを使いたい！」と思いますよね。

巷では「お肌に良い」とされている成分があれこれたくさん宣伝されていますが、本来人の肌というのは、外から塗ったものを吸収してお肌の内部に届けることはできません。なぜなら、皮膚とは外部からの刺激やウイルスなどを体内に侵入させないための〝バリア〟であり、たとえ美容成分をつけたとしても、そう簡単に吸収するようなことはないのです。

それを思えば、「肌に浸透して細胞の生成を促す成分」などとうたっている商品は、あまり期待できないということになります。

本当にお肌に良い成分というの

は、たとえば「肌のバリアになる」とか「皮膚の酸化ストレスを抑える」というような、あくまで〝防御〟を得意とする成分です。

　そういう成分を探してみると、一番効果的なものではセラミドやビタミンC誘導体などの「抗酸化成分」が思い当たります。この両者、もしくは一方を安全かつ効果的な濃度で配合している美容液なら、それなりにお金を出す価値があるといえるでしょう。

　セラミドは皮膚の角質層で外部からの刺激を抑えたり、皮膚内部の水分の蒸発を防ぐなどの機能を持つ肌本来のバリア物質です。これは皮膚のもっとも外側の角質層に存在する成分なので、その効果を発揮するのに肌の奥底まで浸透する必要がありません。ただ肌に塗りさえすれば、十分効果が期待できるというわけです。

　セラミドは種類が多く、本当に肌に有益なものを選ぶのが難しいですが、「シェルシュール　モイスチャーマトリックスN」は、数あるセラミド美容液の中でも屈指のセラミド配合濃度を誇ります。

　配合しているセラミドの種類も「ヒト型セラミド」という実際に人間の肌や髪に存在する成分です。敏感肌やアトピー体質の人は、皮膚のセラミドがもともと少ないことが多くの研究でわかっているので、ぜひ試していただきたいです。

　非常に粘りがあるテクスチャーで、保湿重視の人向きだと思います。

成分

水、ＢＧ、グリセリン、**変性アルコール**、プロパンジオール、セバシン酸ジイソプロピル、テトラオクタン酸ペンタエリスリチル、メドウフォーム油、ジメチコン、ヘキシルデカノール、ステアリン酸グリセリル、ベヘニルアルコール、ミネラルオイル、シリカ、ココイルグルタミン酸Na、**加水分解アマ種子エキス**、フェノキシエタノール、**酵母エキス**、アデノシン、**アセチルテトラペプチド - 9**、アルガニアスピノサ核エキス、エチルパラベン、ポロキサマー338、ジメチコノール（以下略）

「リフトアップ効果のある複合成分」を構成するものというが、皮膚に浸透しない化粧品では、その効果は不明。

変性アルコール

エタノールの別名。皮膚への刺激がある他にも、アレルギー性や蒸発（揮発）によって肌を乾燥させるという欠点がある。

化粧水レベルの美容液も…

「化粧水」と「美容液」だったら、10人に聞けば10人が「美容液のほうが美容成分が豊富で肌に良さそう」と答えると思います。これは、化粧品メーカーの宣伝の仕方や価格の開きから、そのように感じてしまうのかもしれません。

しかし本当のことをいえば、「化粧水」と「美容液」にはその成分構成に厳密な違いが設けられているわけではありません。法律などで区別が決められているわけでもないので、ものによっては化粧水のような成分の薄い美容液が売られていることもありますし、逆に化粧水でありながら「美容液」と言ってもおかしくないほど豪華なものもあります。

その商品を化粧水とするか美容液とするかはあくまでメーカー側の判断で決めているので、「美容液だから肌に良いに違いない!」と思い込むと、粗悪品を掴まされることがありますので注意しましょう。

特に、肌にとっては意味のない成分をムダにたくさん配合して、高級感ばかり演出したような美容液には要注意です。たとえば右の例は、30mlで1万2000円もします。有名な高級コスメブランドといえど、このような美容液は少なくありません。

選び方のポイント

- ●バリア機能強化、酸化ストレス抑制など、必要なのは肌を守る成分。
- ●敏感肌・アトピーは、生来少ないセラミドをまず補う。
- ●「高価だけど意味のない成分」を使った高級コスメに注意!

【クリーム】

Cream

オイルと保湿成分でわかる コスパに優れた商品

オススメ!

**モチュレ
アスタリノ**
※美容室専売品

120g・3000円

アドニスパレスチナ花エキス
強力な抗酸化効果を持つアスタキサンチンを含む。甲殻類アレルギーがある場合は、植物由来のアスタキサンチンが安心。

スクワラン
肌に密着しやすく、比較的「こってり」した質感の炭化水素油。植物や人間の肌にも含まれ、刺激が少ない。

成分

水、ＢＧ、グリセリン、ジグリセリン、ベタイン、**スクワラン**、ラウロイルグルタミン酸ジオクチルドデセス-2、フェニルトリメチコン、アルギニン、カルボマー、グリコシルトレハロース、加水分解水添デンプン、水添レシチン、メチルパラベン、トコフェロール、グルコシルヘスペリジン、ヒアルロン酸Na、テトラヘキシルデカン酸アスコルビル、グリチルリチン酸２Ｋ、加水分解コラーゲン、**アドニスパレスチナ花エキス**、（メタクリル酸グリセリルアミドエチル／メタクリル酸ステアリル）コポリマー、ペカン殻エキス、ヒマワリ種子油、ポリクオタニウム-51、グレープフルーツ果実エキス、サンザシエキス、ナツメ果実エキス、リンゴエキス、カッコンエキス、アロエベラ葉エキス、クロレラエキス、ライム果汁、オレンジ果汁、レモン果汁

基本の仕事は「油分を補う」

化粧水や乳液の8～9割以上は「水」でできています。一方、クリームは「油分」がその5割程度を占めます。そのためクリームは肌に油分を補給するのが仕事ということになりますね。

若い世代は皮脂が十分に分泌されるので、クリームを必要としない人も多いかもしれません。しかし、年齢とともに皮脂が十分に出なくなったという方も多く、その場合、クリームは欠かせない存在になります。

実際に商品を選ぶときは、化粧水や乳液などと同じでベースの保湿成分にエタノールやPG、DPGなどの刺激になりそうな成分が入っていないかどうかを確認しておく必要があります。そのうえで、クリームの良し悪しを見分けるに

ミネラルオイル

比較的重ための質感のオイル。主に石油から採れるもので、肌に塗る化粧品としては刺激が低いのが長所。

ワセリン

同じく石油由来の炭化水素油。水分蒸発を防ぎ、低刺激なので、乾燥肌の皮膚の保護によく使用される。

成分

水、**ミネラルオイル**、褐藻エキス、**ワセリン**、**水添ポリイソブテン**、**マイクロクリスタリンワックス**、**ラノリンアルコール**、ライム果汁、**パラフィン**、エタノール、硫酸Mg、オレイン酸デシル、ジステアリン酸Al、オクチルドデカノール、香料、クエン酸、ステアリン酸Mg、パンテノール、安息香酸Na、水添野菜油、シアノコバラミン、カロチン

成分

水、**ミネラルオイル**、**ワセリン**、グリセリン、**水添ポリイソブテン**、シクロメチコン、**マイクロクリスタリンワックス**、**ラノリンアルコール**、**パラフィン**、スクワラン、ホホバ油、オレイン酸デシル、オクチルドデカノール、ジステアリン酸Al、ステアリン酸Mg、硫酸Mg、クエン酸、安息香酸Na、香料

主要な成分と構成がニベアに酷似している。それにもかかわらず価格は100gで5万円と、異常と思えるほど高額。

Not good

惜しい

オススメ

ニベア
ニベアクリーム（大缶）

169g・570円（編集部調べ）

は、まずそのクリームの基剤になっているオイルがどのような種類なのかを見ます。

肌質に合ったオイル選びを

オイルの種類は、肌に密着しやすくカバー力の強いミネラルオイルやワセリン、スクワランなどの重ためのオイル（炭化水素油）と、肌に柔軟性を与えるオリーブ油やアボカド油、馬油などの軽めのオイル（油脂）などに分けられます。濃厚さを求める場合は前者を、軽さを求めるなら後者のタイプを選ぶとよいでしょう。

ちなみにセタノールやラノリンなどの成分が使用されたクリームも少なくないですが、これらのオイルは肌に対してやや刺激になる成分ですので、敏感肌の方にはお勧めできません。

優しいうえに抗酸化効果！

敏感肌への刺激を抑えるには、グリセリンやBGなどの肌に優しい保湿成分や、スクワランなどの刺激のないオイルを主成分として配合したものがオススメです。

ただ、「優しい皮膜で守るだけでなく、他にも肌をキレイにする効果がほしい！」と思う方も少なくないでしょう。じつは、「美容液」の項でも説明したセラミドや、抗酸化成分なども追加すると、よりお肌への防御効果を高めることができます。

三口産業の「モチュレ　アスタリノ」は、強力な抗酸化効果、つまり肌の老化防止効果を持つことで有名な「アスタキサンチン」を配合したクリームです。アスタキサンチンは朱色の色素で、カニやエビなどの甲殻に存在して酸化を抑制する働きをしている成分です。

このクリームの鮮やかな色を見ただけでも、十分な抗酸化力を期待できそうですね。

低刺激性と抗酸化に特化したお肌の保護クリームで、スクワランがオイルベースとなっていますから、ややこってりした使用感になります。その他の成分も十分豪華な構成になっていながら、お求めやすい価格設定も嬉しいポイントです。

価格差200倍の内実は？

インターネットを中心に、2～3年前に話題をさらった「伝説」のプチプラコスメがあります。その名も「ニベア　青缶」――日本人なら一度は目にしたことがあるクリームだと思います。

このクリームのいったい何が伝説なのかというと、その成分がとある有名高級美容クリームの成分と似すぎているという指摘があったからです。

件の高級美容クリームは100gで定価5万円。非常に高額ですが、ニベア青缶は大サイズ（169g）で400〜600円程度で入手できますから、その価格比は200倍近くです。

実際に2つの成分はほとんど同じで、異なるのは保湿成分の褐藻エキスがニベアではグリセリンになっているという程度。両者ともミネラルオイルとワセリンをメインにしたこってり濃厚なカバー力の高いクリームです。

「同じような内容なのにこんなに安いのは、ニベア青缶がそれだけ特別なクリームなの？」と思う方も多いと思います。しかし、ニベアの企業努力はもちろんあるとしても、それ以上にもう一方の高級美容クリームが高すぎることが理由といえます。ニベアの価格はあくまで妥当なラインで、良心的に流通させれば、この価格になるはずなのです。

一方、高級ブランドのクリームは、セレブ御用達ということでかなり強気の値段設定になっているのです。たったそれだけの理由で200倍の価格の差が生まれてしまう……。化粧品業界とは、かくも不思議な世界です。

選び方のポイント

- ●保湿成分が低刺激なこと、そしてオイルの種類がポイント。
- ●オイル成分を見れば、自分の肌質に合ったクリームが選べる。
- ●迷ったら主成分を確認！　企業のイメージ戦略にだまされない。

健康でキレイな肌の育て方

私たちは、肌を正常に保って快適に暮らすために、あるいは美しく見せるために、スキンケア用の化粧品を使います。しかし、肌は生きていて、それ自体が健康を保とうと一生懸命に働いています。

ここでは、その肌の働きを勉強したいと思います。肌にトラブルが起こって困ったとき、それに合ったアイテムを購入するのと一緒に、以下のことを意識できているかどうか、立ち止まって考えてみてください。

肌を健康にする条件とは

❶まず「洗いすぎない」こと!

乾燥肌や敏感肌の一番大きな原因はズバリ、お肌の洗いすぎです。

すでに述べたように、私たちのお肌には、みずからを守るために自動的に保湿する機能が備わっています。角質を分解することで生成するアミノ酸などの保湿成分や、皮脂などがその大役を担っており、洗いすぎなどでこれらの水分や油分が不足すると、肌は乾燥するだけでなく刺激などに対するバリア機能も弱まります。

実際のところ、お肌の汚れはそれほど頑固なものではありませんから、お湯で流せばそれなりにキレイに洗えてしまいます。お風呂にしっかり浸かるだけでも、肌の表面の老廃角質や汚れはあらかた取れるのです。

なので、もし洗浄剤を使うのならば、特に汚れる部位だけで十分。全身をしっかり洗うのは一週間に一回程度と、それほど頻繁に洗わなくても結構です。

このように肌本来の水分や油分を過剰に洗浄することを避ければ、わざわざ保湿剤を使って保湿しなくても、自分の身体の機能だけで乾燥肌や敏感肌を緩和することができます。

❷弱酸性をキープ

肌の表面が弱酸性であることは、本書の中で何度か述べています。なぜ人肌が弱酸性なのかというと、私たちの肌の上には「皮膚常在菌」という共生菌が生息しているからです。

この菌類は過剰に増えるといろいろと悪さもしますが、正常な状態ではむしろ肌を守る働きをしています。その一つが、「皮脂」を分解して「脂肪酸」という弱酸性物質を作ることです。

人間に悪さをする雑菌やウイルスはアルカリ性の状態を好むものが多く、弱酸性では活動が弱まります。そのため皮膚常在菌が弱酸性状態を作ってくれることで、私たちの肌は雑菌の侵攻を防いで健康でいることができるのです。

もし、石けんなどでの洗いすぎでアルカリ性に傾いたとしても、皮脂の分泌と常在菌の活躍によって、しばらくすれば肌の状態は弱酸性に戻るのですが（30分〜1時間程度）、少なくともこの時間は雑菌類の攻撃を受けやすい肌環境になっているといえます。

やはり、肌を洗う洗浄剤は弱酸性のものを選ぶとよいでしょう。

❸敏感肌が補うべき成分

最近の研究で、肌のバリア機能が弱っている皮膚には「セラミド」という物質が不足していることがわかってきています。セラミドとは皮膚の角層に存在する脂質で、一説にはこの成分が豊富なほど角質層のバリア機能が強まるといわれています。

皮膚医学や化粧品の業界では古くからこのセラミドに注目しており、実際にセラミドを皮膚に塗ることで乾燥肌や敏感肌が改善するという研究結果が数多く報告されています。しかもセラミドはステロイドなどの医薬品成分とは異なり副作用がなく、限りなく安全に皮膚の機能を向上させることができるとして期待されています。

セラミドの補給を売りにした化粧品は大手メーカーも多数そろえており、本書でも何点か紹介しました。

　現時点で、皮膚に塗ることで肌の機能の改善がもっとも見込まれる成分は「ヒト型セラミド」と呼ばれるものです。化粧品成分表示では「セラミド1」や「セラミドNP」などのようにハッキリと〝セラミド〟と表記されています。類似成分の「擬似セラミド」や「糖セラミド（セレブロシドやコメヌカスフィンゴ糖脂質など）」は、今のところ、メーカー以外の第三者機関などで確実に効果が立証されているわけではないのですが、たいへん高価なヒト型セラミドと比べると手に入れやすく、適度な配合量さえ確保できれば肌バリアの補強効果も十分期待できます。

　セラミドも過剰な洗浄によって流出してしまいますが、❶のように洗いすぎを控えても乾燥肌や敏感肌が十分改善できない場合は、セラミド入りの保湿剤などを使って外から補給することで肌のバリアを整えましょう。

最高のアンチエイジング

❶メラニンは悪者ではない

　人の老化をもっとも進める原因は「紫外線」です。

　紫外線は皮膚の奥底の遺伝子情報に傷を付け、細胞生成のエラーを誘導します。それが長年積み重なると、やがて正常な細胞の生成が追いつかなくなり、皮膚は老化していきます。

　そのため人の皮膚は紫外線の侵入を拒む天然のアンチエイジングシステムを備えています。それこそが、あの「メラニン」です。

　メラニンは皮膚が紫外線を受けると作られる黒色の色素で、紫外線吸収効果があります。日焼けによって肌が黒くなるのはこのメラニンが紫外線の侵入を阻もうと製造されるためで、〝肌が黒くなるシステム〟は、本来我々の皮膚の老化を抑えるためにあるのです。

　実際に、メラニンの生成量が少ない白人は、有色人種と比べて皮膚の老化速度がとても速く、皮膚ガンなどの発症率も非常に高いです。

❷コスメに潜むワナ

　アンチエイジングコスメの代表格である「美白化粧品」は、その多くにこのメラニンの生成を阻害する成分が使われています。しかし、以前にロドデノール配合の美白化粧品で起こった「白斑」という症状は、このメラニンの製造工場が完全に破壊されたもので、白斑が起こっている場所は紫外線を防御するシステムが完全に停止しています。つまり皮膚の持つ天然のアンチエイジング機能が失われているのです。

これほどまでの効果ではないにしろ、美白化粧品を使い続けるということは、肌の持つ本来のアンチエイジング機能の働きを狭めていることと同義です。わずかな効果も長年続けば肌に大きな影響を与える可能性はあるといえます。

また、基本的に、人の皮膚は「刺激」を受けると細胞が活性化して、新たな皮膚を製造しようとします。皮膚細胞の活性が速まれば速まるほど、細胞生成のエラーの数は増え、老化もそれと同時に促進されるとも考えられます。

アンチエイジングコスメには副作用として「刺激が強い」ものが多くありますから、これを考慮すると、むやみに使い続けることは本当の老化予防といえるのか、私は非常に疑問です。

❸日焼け止めとメイクは大切

このことを考えると、化粧品の範囲で可能な老化予防はそんなに数多くありません。第一には「紫外線を避ける／カットする」ことです。老化の第一要因が紫外線なら、可能なかぎり日光を避けて生活して、外に出るときは日焼け止めを塗ることです。

紫外線から肌を守るという意味であれば「メイク」をすることも美肌を保つためにはプラスになるといえます。

そして次に重要なのは「肌に負担を与えない」ということです。できるだけ皮膚刺激の少ない化粧品や洗浄剤を使用して、肌をいたわり、極力負担を与えないようにすることが老化の予防につながります。

つまり外部の刺激から肌を守り、優しくいたわることが、美しい肌を長く保つためにもっとも必要なことなのです。これはなんとも当たり前でシンプルな事実ではないでしょうか。

【化粧下地】

Makeup base

「がっちり崩れない」だけではコスメとして失格！

オススメ！

COVERMARK コネクティングベース

38ml・4000円

成分

水、**シクロペンタシロキサン**、**酸化亜鉛**、シクロメチコン、**酸化チタン**、ＢＧ、ジメチコン、グリコシルトレハロース、ダイマージリノール酸ジ（イソステアリル／フィトステリル）、ＰＥＧ-10 ジメチコン、ポリメタクリル酸メチル、加水分解水添デンプン、月見草油、テトラヘキシルデカン酸アスコルビル、トウキエキス、ＰＥＧ-９ジメチコン、ＰＥＧ-９ポリジメチルシロキシエチルジメチコン、含水シリカ、水酸化 Al、エタノール、ジミリスチン酸 Al、トリエトキシリルエチルポリジメチルシロキシエチルヘキシルジメチコン、トリメチルシロキシケイ酸、ブドウ種子油、酢酸トコフェロール、トコフェロール、フェノキシエタノール、マイカ、酸化鉄

シクロペンタシロキサン
環状シリコーンの一種で、時間が経つと揮発するため皮膜が残りにくいシリコーンオイル。サラッとした使用感になる。

酸化亜鉛、酸化チタン
ともに紫外線散乱剤として働く成分。白い粉状の物質のため、多めに配合することで皮脂や汗を吸着する効果もある。

あのフライパン並みに強力!?

化粧下地の条件として、「メイクが崩れない」ということを重視する女性が多いようです。著者は男性ですが、そうやすやすとメイクが崩れるのは困るという女性の気持ちはなんとなく理解できます。

夏場は特に、メイクを直す手間が面倒でしょう。特に若者を中心に「脂性肌」という油分過多の肌質が増えているので、汗や皮脂によってメイクが溶けて崩れてしまうという悩みを抱える女性も多いのではと思います。

そこで最近特に人気を博しているのが「崩れないメイク下地」です。テレビCMなどで頻繁に宣伝されているものもあり、実際、使用した人の感想をネットなどで見ると「本当に崩れない！」というものが多数。どうやら冗談抜きで崩れないようです。

某有名ブランドの崩れない化粧下地には、難しい名前ですが「パーフルオロアルキル（C4-14）エトキシジメチコン」や「トリフルオロアルキルジメチルトリメチルシロキシケイ酸」などの成分が配合されています。

「フルオロ」とは化学用語で「フッ素」を意味する言葉ですが、フッ素加工した「テフロン」のフライパンは水と油を弾く性質（撥水撥油性）が高いのをご存じかと思います。この成分はつまりフッ素コーティング剤で、水にも油にも溶けません。シリコーン油にだけ溶けるように設計された強力な皮膜剤なのです。

このため、この成分を配合した下地は、皮脂や汗が出ても長時間強力にメイクをキープします。

崩れないことの弊害

ただ、この強力に崩れない下地というのは、じつは肌に負担を与える元にもなります。

強力な皮膜保持力があるということは、それだけ肌に密着してクレンジングしにくいということです。毛穴に詰まれば、くすみやニキビの元になる可能性だってあります。

また、これをしっかり落とすには強力なクレンジングが必要となりますので、このクレンジングも肌を乾燥させる原因となります。

こういう下地は毎日使うのは控えて、ここぞというときにだけスペシャルメイク用に使いましょう。

適度に崩れにくく、肌に優しい

「COVERMARK コネクティングベース」は穏やかな揮発性を持ち、さらっとしたつけ心地の環状シリコーン「シクロペンタシロキサン」を主成分としています。その他のベース成分も肌に負担となりにくい低刺激の下地ミルクです。この下地は「酸化亜鉛」や「酸化チタン」などの紫外線散乱剤をわざと多めに配合して、これらのパウダー成分が皮脂や汗を吸着することにより、優れた崩れにくさを実現しています。

先ほど紹介した商品のように極端に落としにくく、そのぶん肌に負担になる成分が入っているわけではないので、毎日しっかりめのメイクをしたい方でも安心して使うことができます。

また、こちらの下地は紫外線吸

成分

水、シクロメチコン、ジメチコン、**パーフルオロアルキル（Ｃ4-14）エトキシジメチコン**、エタノール、メトキシケイヒ酸オクチル、**トリフルオロアルキルジメチルトリメチルシロキシケイ酸**、ＰＥＧ-12ジメチコン、チューベロース多糖体、カミツレエキス、アスナロエキス、ポリシリコーン-9、硫酸Mg、水添ポリイソブテン、ＢＧ、酸化亜鉛、（メタクリル酸ラウリル／ジメタクリル酸エチレングリコール）コポリマー、ポリメチルシルセスキオキサン、マイカ、酸化チタン、**フルオロ（Ｃ8-18）アルコールリン酸**、メチコン、ヒドロキシアパタイト、酸化鉄

～フルオロ～

フルオロはフッ素のこと。水と油を弾くので強力な皮脂崩れ防止効果があるが、皮膜が強すぎ肌に負担をかける懸念も。

惜しい

Not good

収剤を配合しておらず、散乱剤のみの配合なのにＳＰＦ（紫外線Ｂ波から肌を防御する効果の数値）も38と高めで、日常用には十分な数値です。少々白浮きしやすい点が気になる人もいそうですが、肌色が明るめの方にはちょうどいいでしょう。

他に、テトラヘキシルデカン酸アスコルビルなどの抗酸化成分がさり気なく配合されているのも嬉しいポイントで、肌の酸化を抑えてくすみを軽減してくれます。

メイクアップコスメに強いＣＯＶＥＲＭＡＲＫならではの化粧下地における最適解の一つなのかもしれません。

選び方のポイント

- 「フルオロ」がつく成分は、強すぎる皮膜が肌に負担になる。
- 崩れにくさとクレンジングのしやすさを両立させた商品を。
- 密着しすぎない、パウダー成分による皮脂・汗吸着という工夫。

【日焼け止めクリーム】

Sunscreen cream

目的に合ったSPFと適度な「落としやすさ」を

オススメ！

ホワイティシモ UVブロック ミルキーフルイド

50g・3500円

成分

水、BG、トリエチルヘキサノイン、シクロペンタシロキサン、酸化チタン、グリセリン、ジフェニルシロキシフェニルトリメチコン、ベヘニルアルコール、ポリメタクリル酸グルコシルエチル、ポリメタクリロイルリシン、ボタンエキス、アルニカエキス、ローヤルゼリーエキス、ペンタステアリン酸ポリグリセリル-10、ジメチコン、ポリグリセリル-3ポリジメチルシロキシエチルジメチコン、トリステアリン酸ポリグリセリル-10、キサンタンガム、含水シリカ、ステアロイル乳酸Na、ハイドロゲンジメチコン、ポリアクリル酸Na、クエン酸、エタノール、トコフェロール、水酸化Al、ココグリセリル硫酸Na、メチルパラベン、プロピルパラベン

BG

別名「1，3－ブチレングリコール」。グリセリンと同じく低刺激で、化粧水の主成分に多用される。使用感は「さっぱり」。

酸化チタン

紫外線散乱剤として働く、白い粉状の物質。金属アレルギーがある人は、酸化亜鉛よりもこちらのほうがオススメ。

日常用はSPF30で十分！

最近の日焼け止めはSPFやPA（紫外線A波から肌を防御する効果を表す数値）がとても高いものが多いです。日常用の日焼け止めでも、「SPF50＋／PA＋＋＋＋」と最高数値の日焼け止めが各ブランドから発売されていますが、このような日焼け止めは必然的に「紫外線吸収剤」の配合が多く、肌に負担となりがちです。

本来SPF50などの日焼け止めは、海などでの長時間のレジャー活動で使用するようなものです。それを常日頃から使用するのは、肌への負担を考えるとできるだけ避けたいことです。

日常用には吸収剤の配合が少なく、「紫外線散乱剤」ベースでSPF30程度のものを使用するのがオススメです。

「紫外線吸収剤」と「紫外線散乱剤」

日焼け止めの基本成分は、紫外線（UV）を防御する性質を持った紫外線防止剤です。

紫外線防止剤には、「化粧下地」の項で述べたように2つの種類があります。化学的に紫外線を吸収してそれを熱エネルギーに変換し周囲に放出する「紫外線吸収剤」と、物理的に紫外線を反射して肌に届けない「紫外線散乱剤」です。

吸収剤は透明のオイル状成分なので、この成分が主になっている日焼け止めは白くなりにくく、伸びが良いのが特徴です。たくさん配合しても色がつかないので、高いSPF・PA値の日焼け止めが多くなります。ただし吸収剤は紫外線のエネルギーを外に放出するので、その作用によって肌が乾燥したり、敏感肌の場合は刺激になることもあります。

散乱剤は物理的に光を反射する成分なので、そのぶん乾燥や刺激になりにくいのが良い点です。しかし総じて白いパウダー状なので、多く配合すると色が真っ白になってしまいます。それゆえ、これが主成分の日焼け止めはSPF・PA値があまり高くない傾向があります。

それでも、この紫外線散乱剤の短所を解決した日焼け止めが、数社から発売されています。

お湯で落とせて肌に優しい

POLAの「ホワイティシモ　UVブロック　ミルキーフルイド」は、吸収剤不使用の低刺激性の日焼け止めで、「SPF30／PA+++」と日常使いには十分な紫外線防止効果を持っています。しかも散乱剤のみの処方にしては白浮きもほとんどしない優秀なアイテムです。

このアイテムの特に良い点は、界面活性剤でしっかり乳化しているクリームタイプなので、お湯でも落とせるくらいに「落としやすい」ということです。「化粧下地」の項でも説明したように、残留しやすく落としにくい化粧品は肌に負担となる懸念があるので、肌の健康を考えるなら、優しく洗い落とせる日焼け止めが必要です。

しかも、この日焼け止めは紫外線散乱剤に「酸化チタン」しか用いていません。

紫外線散乱剤には酸化チタンの他に「酸化亜鉛」というタイプもあります。酸化亜鉛のほうが白浮きしにくく、より高いSPF数値を出せる成分です。

成分

水、**メトキシケイヒ酸エチルヘキシル**、ドロメトリゾールトリシロキサン、グリセリン、PG、ジメチコン、酸化チタン、変性アルコール、ペンチレングリコール、**テレフタリリデンジカンフルスルホン酸**、ジエチルアミノヒドロキシベンゾイル安息香酸ヘキシル、TEA、ビスエチルヘキシルオキシフェノールメトキシフェニルトリアジン、ステアリン酸、セチルリン酸K、水酸化Al、BG、シアバター油粕エキス、カプリリルグリコール、カルボマー、セタノール、EDTA-2Na（以下略）

メトキシケイヒ酸エチルヘキシル
肌に炎症を起こすUVBを吸収する。その際に熱エネルギーを放出するため、配合量が極端に多いと乾燥や刺激の原因に。

Not good

惜しい

テレフタリリデンジカンフルスルホン酸
ロングUVAを吸収する紫外線吸収剤。構造が不安定で変質しやすいため、配合量が増えると皮膚への負担が懸念される。

しかし亜鉛は金属アレルギーを起こす金属で、反応性の乏しい酸化亜鉛でも汗をかいたときなどに稀に発症することがあるようです。

酸化チタンしか用いていないこの日焼け止めは、その点でも安心感のあるアイテムです。

ロングUVA対応は必要？

また最近は「ロングUVA対応」の日焼け止めが増えています。

「紫外線のロングUVAは、肌に浸透しやすく危険」という情報をよく見かけますが、実際には波長の長い紫外線（UVA）は、波長の短い紫外線（UVB）に比べてエネルギーが弱く、神経質になってまでカットしなければならないものではないと私は考えています。

それどころか、ロングUVAに対応している紫外線吸収剤は不安定な構造のものが多いので、肌に刺激になりやすいのです。特に過剰に怖がる必要のないロングUVAを気にして、肌に負担になる日焼け止めを使うのは、むしろ本末転倒といえるでしょう。

肌への負担を考えるべきはUVBであり、この紫外線を防ぐのは従来の日焼け止めで十分可能です。

選び方のポイント

- 日常用はSPF30程度で十分。数値が高いものは吸収剤の量が多い。
- 紫外線吸収剤と紫外線散乱剤。その長短を把握すべし。
- 落としやすく肌に残らないことも、毎日使うためには大事。

【日焼け止めジェル／ローション】

Sunscreen gel／lotion

効果の弱さと肌への刺激がジェルの2大欠点

シクロペンタシロキサン
環状シリコーンの一種で、時間が経つと揮発するため皮膜が残りにくいシリコーンオイル。サラッとした使用感になる。

酸化チタン
紫外線散乱剤として働く、白い粉状の物質。金属アレルギーがある人は、酸化亜鉛よりもこちらのほうがオススメ。

オススメ

成分

シクロペンタシロキサン、水、**酸化チタン**、ＢＧ、ジフェニルシロキシフェニルトリメチコン、ジメチコン、ＰＥＧ-９ポリジメチルシロキシエチルジメチコン 、グリセリン、ステアリン酸イヌリン、（ビニルジメチコン／メチコンシルセスキオキサン）クロスポリマー 、水酸化 Al、ヒアルロン酸 Na、グリチルリチン酸２Ｋ、メタクリル酸メチルクロスポリマー、トコフェロール、イソステアリン酸、ステアリルジメチコン、トリ（ベヘン酸／イソステアリン酸／エイコサン二酸）グリセリル、ハイドロゲンジメチコン、メチルパラベン

NOV
UVローションEX
35ml・2000円

伸びの良さが裏目に出る

最近はジェルタイプの日焼け止めを発売するメーカーが増えています。

ジェルタイプというのは中身のほとんどを水分が占めているため、使用感がみずみずしく、肌に何かついているといった皮膜感が弱いのが特徴です。また非常に伸びが良く、少量で広い範囲に塗布できるのも好まれるポイントでしょうか。

しかし筆者的には、この「ジェル系日焼け止め」は、しっかり紫外線を防御したい方や敏感肌の方には代表的なNGアイテムです。

意外と知られていないことですが、伸びの良い日焼け止めは、じつは表示されている数値より防御力が弱くなってしまうことが多いです。

これはなぜかというと、SPFの測定法が、決まった面積に決まった量の日焼け止め剤を載せて計測する方法だからです。そのため伸びの良い日焼け止めほど、実際に使用する際は薄く伸ばしてしまい、結果としてSPF測定時より紫外線防止効果が落ちてしまうのです。

　これはある意味当たり前で、日焼け止めはしっかり濃く塗ったもののほうが防御効果は高くなります。むしろ、あまり伸びが良くないタイプの日焼け止めのほうが、表示数値に近い防御効果を発揮してくれるということですね。

刺激の強い エタノールとDPG

　そして何より、その成分に刺激が強いものが多いというのが、私がジェル系をお勧めできない理由です。

　ジェル系の日焼け止めは主成分が「水」です。これだけではオイル状やパウダー状の紫外線防止剤を安定して配合するのは無理があります。よって、必ずこれらの成分を溶かし込むためにエタノールやDPG（ジプロピレングリコール）などのアルコール系の溶剤を多めに配合しています。

　この2つはさっぱりした使い心地に加え、保湿成分としても働くので、多くのジェル系日焼け止めに採用されています。

　しかし、この手の成分は皮膚や目への刺激が強く、敏感肌とは相性の良くない成分。敏感肌を自覚している方は、ジェル系日焼け止めはできるだけ避けましょう。

　肌に低負担であることを第一に考えるのであれば、やはり肌に刺激のある溶剤を配合したもの（ジェル）より、安全性の高いオイルで紫外線散乱剤や紫外線吸収剤を溶かし込めるタイプ（クリーム・ミルクタイプ）の日焼け止めを選ぶのがオススメです。クリームでも、前項で紹介した「ホワイティシモ UVブロック　ミルキーフルイド」のように、保湿成分を多く配合しているうえ、油分独特のベタつきなどが生じにくく、とても使い勝手が良いものもあります。

クリーム以外で選ぶなら?

　肌に低負担の日焼け止めとして優秀なアイテムを他にも紹介しておくとしたら、敏感肌用コスメブランドとして有名な「NOV」シリーズの「UVローションEX」でしょうか。

サラサラした「シクロペンタシロキサン」ベースで、散乱剤も金属アレルギーを起こしにくい酸化チタンのみです。ＳＰＦも32と、普段用には十分です。

このミルク状のローションと、同ブランドのクリームタイプとの決定的な違いは何かというと、前者はわざと界面活性剤を最低限しか配合せず、水分と油分が自然に分離するように設計されていることです（反対に、クリームタイプは界面活性剤でしっかり安定して乳化されています）。

そのため、ミルクやローションタイプなどの日焼け止めは、塗る前にしっかり振って使用するようにと容器に注意書きがあります。

このタイプのアイテムは肌の上で水分と油分が分離するので、水分はすぐに蒸発してオイルだけが残り、水で流しにくいウォータープルーフになります。クリームタイプより、汗をかいても流れにくい処方になっているということですね。

エタノール

酒の主成分。皮膚への刺激がある他にも、アレルギー性や蒸発（揮発）によって肌を乾燥させるという欠点がある。

成分

水、**エタノール**、酸化亜鉛、メトキシケイヒ酸エチルヘキシル、ミリスチン酸オクチルドデシル、ジエチルアミノヒドロキシベンゾイル安息香酸ヘキシル、ジメチコン、ＢＧ、（アクリル酸Na／アクリロイルジメチルタウリンNa）コポリマー、グリセリン、シクロペンタシロキサン、イソヘキサデカン、トリエトキシカプリリルシラン、メチコン、ポリソルベート 80、キサンタンガム、ナイロン -12、ビスエチルヘキシルオキシフェノールメトキシフェニルトリアジン（以下略）

選び方のポイント

- ●ジェルは伸びが良い反面、紫外線防止効果が下がる。
- ●エタノールやＤＰＧが多いのが、ジェルの何よりの問題。
- ●「振って混ぜる」ミルクなどはウォータープルーフ効果が優秀。

【リップケア】

Lip care

医薬品は荒れたときだけ！症状の程度で使い分ける

オススメ！

成分

【有効成分】**酢酸ＤＬ-α-トコフェロール**、**グリチルレチン酸ステアリル**
【その他の成分】**オリブ油**、**流動パラフィン**、**ワセリン**、セレシン、リンゴ酸ジイソステアリル、ラウロイルグルタミン酸ジ（フィトステリル・オクチルドデシル）、飽和脂肪酸グリセリル、パラメトキシケイ皮酸オクチル、ヘキサオキシステアリン酸ジペンタエリスリチル、ジイソステアリン酸ポリグリセリル、トリ（カプリル・カプリン酸）グリセリル、ポリエチレンワックス、キャンデリラロウ、ショ糖脂肪酸エステル、人参エキス、ヒアルロン酸Na-2、ハチミツ、グリセリン、天然ビタミンE、マイクロクリスタリンワックス、水添ポリブテン、ジメチコン、水、t-ブチルメトキシジベンゾイルメタン、BHT、エタノール、無水エタノール
（医薬部外品のため順不同）

酢酸DL-α-トコフェロール
ビタミンE誘導体。抗酸化作用と血行促進作用があり、肌荒れを防いで皮膚の角質化を促進する。

グリチルレチン酸ステアリル
カンゾウから抽出したグリチルレチン酸の誘導体。抗炎症効果があるほか、抗アレルギー作用もあるという。

オリブ油、流動パラフィン、ワセリン
オリブ油は肌に柔軟性を与える。流動パラフィン・ワセリンはしっかりと肌を保護するうえ、刺激も低いオイル。

ニベア モイスチャーリップ ウォータータイプ 無香料
3.5g・362円（編集部調べ）

リップクリームの種類

リップクリームには「化粧品」と「医薬部外品」、そして「医薬品」の3種類があります。リップクリームを選ぶときに、この区分を気にしたことのある人は少ないのではないでしょうか。

まず、化粧品と医薬品のリップクリームの違いは、以下のようになります。

・**化粧品**——油分の補給や保湿作用が基本の機能。刺激などは少なく安全性が高い代わりに、炎症を抑えたりヒビ割れを修復するような機能はない。

赤ちゃん用のリップクリームやカラーリップなど、刺激を抑えたいものやメイク機能も兼ねるものは化粧品登録が多いようですね。

対して「医薬品」のリップクリームはというと……。

・医薬品――強力な抗炎症効果やヒビ割れを補修するような効果を期待できる。しかし〝薬〟なので、効果の反面、副作用のリスクがある。

唇の場合は皮膚が薄く、皮脂や汗が出ないので、そのぶん敏感で、〝薬〟の効果も出やすいですが、そのぶん副作用も起こりやすいともいえます。

そして、「医薬部外品」とは、化粧品よりは補修効果がありながら、医薬品よりは効果が少ない（しかし副作用も少ない）ものになります（68ページ参照）。

医薬品の常用は逆効果

下に挙げたのは有名な医薬品のリップクリームです。組織を修復する「アラントイン」と抗炎症成分の「グリチルレチン酸」がメイン成分で、荒れやヒビ割れを強力に修復する効果があります。

乾燥などによって唇の荒れがひどいときに、とても頼りになる〝お薬〟です。

しかし最近は、このような医薬品のリップクリームをあたかも化粧品や医薬部外品のアイテムと同じように常用している人が増えています。

医薬品には、唇のパックリ割れや過度の皮むけを修復する効果が間違いなくあります。しかし、そのぶん副作用として皮膚がより敏感になってしまうこともあり、これを常用すると普段から唇がちょっとしたことで荒れやすくなってしまいます。

医薬品のリップクリームは本当に困ったときにだけ使用するようにして、普段は別の商品を使うこ

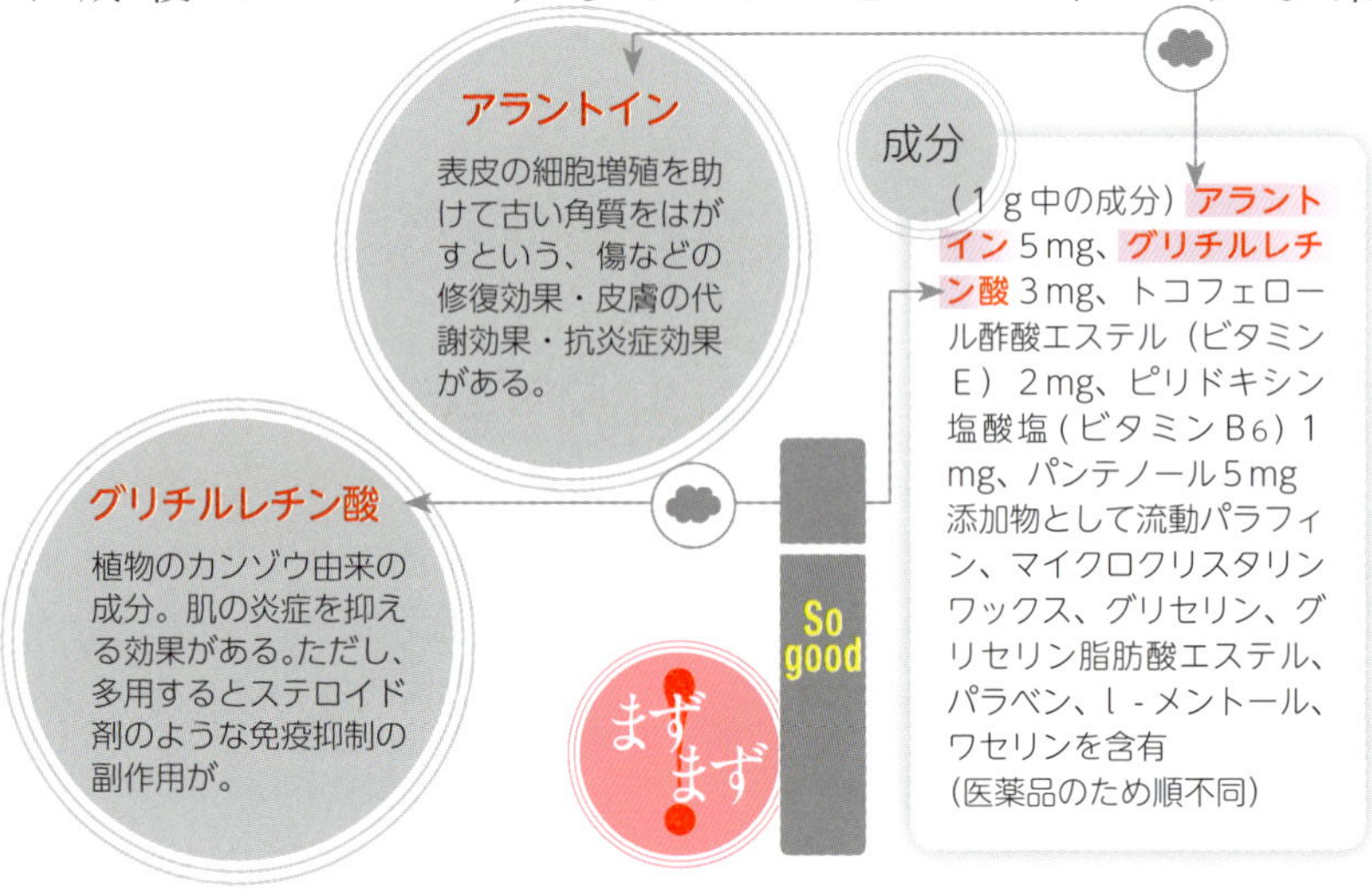

アラントイン
表皮の細胞増殖を助けて古い角質をはがすという、傷などの修復効果・皮膚の代謝効果・抗炎症効果がある。
成分
（1g中の成分）アラントイン5mg、グリチルレチン酸3mg、トコフェロール酢酸エステル（ビタミンE）2mg、ピリドキシン塩酸塩（ビタミンB6）1mg、パンテノール5mg
添加物として流動パラフィン、マイクロクリスタリンワックス、グリセリン、グリセリン脂肪酸エステル、パラベン、l-メントール、ワセリンを含有
（医薬品のため順不同）
グリチルレチン酸
植物のカンゾウ由来の成分。肌の炎症を抑える効果がある。ただし、多用するとステロイド剤のような免疫抑制の副作用が。
So good
まずまず

とをお勧めします。

「薬用リップ」も吟味が大事!

日常的に唇が荒れやすいと感じるときは、よほど大きな裂傷ができていないかぎり、医薬部外品のリップクリームを選ぶのがよいでしょう。「薬用」と書いてあるものも多いですが、これらも医薬部外品です。

また、医薬部外品ならなんでもいいわけではなく、より刺激になりにくい有効成分が配合されているものを選ぶ必要があります。

たとえば有名どころでは冒頭に挙げた「ニベア　モイスチャーリップ　ウォータータイプ」は優秀なアイテムです。抗酸化および血行促進作用の「ビタミンE誘導体」と、抗炎症作用の「グリチルレチン酸ステアリル」が有効成分

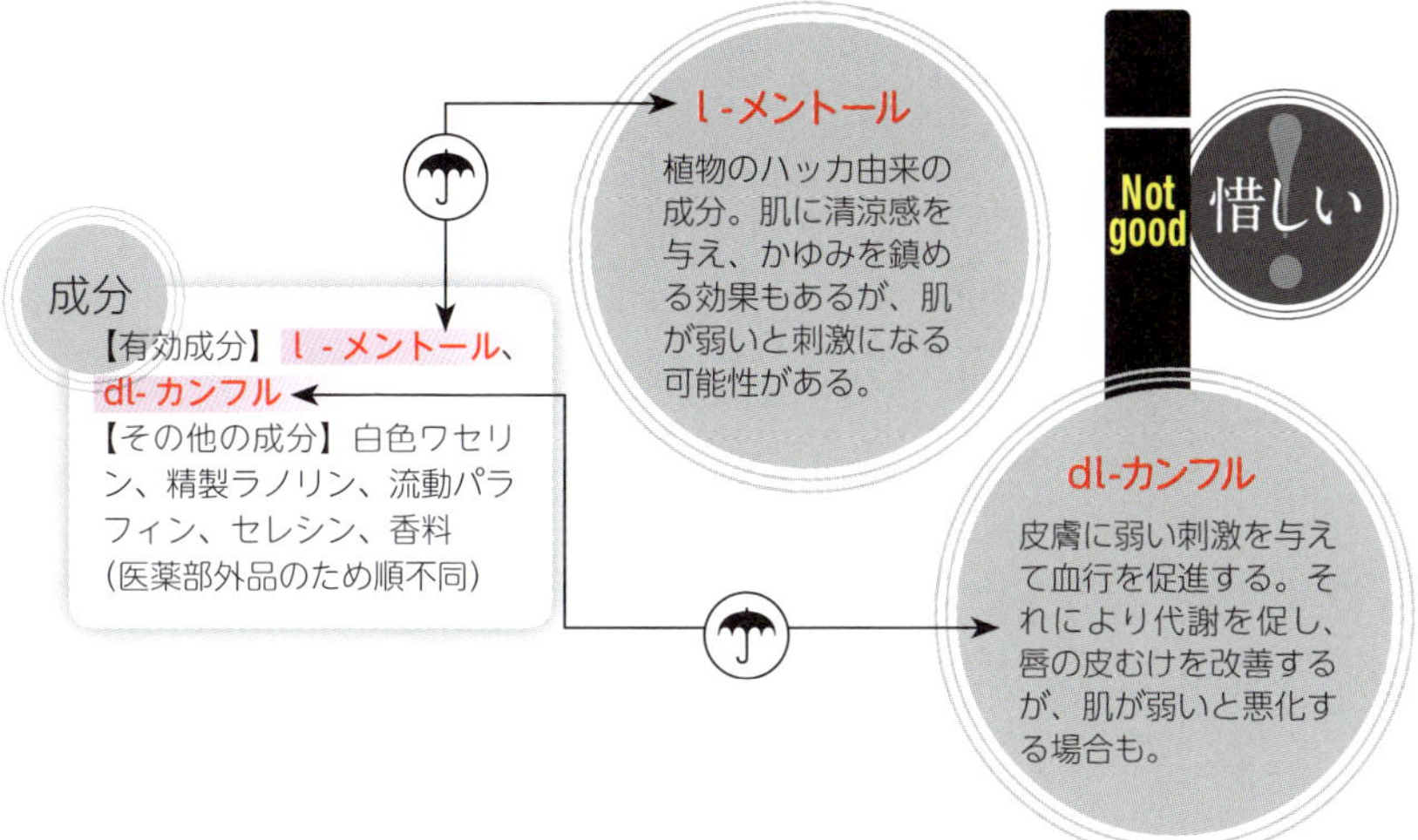
Not good
惜しい
成分
【有効成分】l-メントール、dl-カンフル
【その他の成分】白色ワセリン、精製ラノリン、流動パラフィン、セレシン、香料
(医薬部外品のため順不同)
l-メントール
植物のハッカ由来の成分。肌に清涼感を与え、かゆみを鎮める効果もあるが、肌が弱いと刺激になる可能性がある。
dl-カンフル
皮膚に弱い刺激を与えて血行を促進する。それにより代謝を促し、唇の皮むけを改善するが、肌が弱いと悪化する場合も。

ですね。ベースは皮膚に柔軟性を与えるオリブ(オリーブ)油に、濃厚な油膜で皮膚を守るパラフィン油とワセリンがバランス良く配合されています。

さらに花王お得意の擬似セラミド「ラウロイルグルタミン酸ジ(フィトステリル・オクチルドデシル)」も配合しており、市販のリップクリームの中では間違いなくトップクラスの性能を持つ商品の一つといえそうです。

一方で、医薬部外品でも、やや敏感肌への配慮が少ない商品もあります。有効成分に「dl-カンフル」が配合されているタイプは、少なくとも敏感肌の方の唇にはお勧めしにくいといえます。

この成分は簡単にいえば、皮膚に微弱な刺激を与えることで血行を促進して、それにより肌の代謝

（再生）を促し、皮むけなどを抑制する成分です。

しかし刺激に代謝を促される前に皮膚が負けてしまえば、逆に唇荒れを引き起こす原因にもなります。さらにメントールなどの清涼成分が配合されていると、これも刺激になります。

例に挙げた商品の全成分表示を見ると、とてもシンプルな成分構成になっていて、一見好感が持てます。しかし、ラノリン油にはアレルギーの懸念がありますし、ほとんどの成分が皮膚の上に強力な油分の膜を作るだけの作用なので、柔軟性を与えるなどの効果は期待できません。

つまり、肌表面がベタつくだけということで、今一つの使用感となりそうです。

選び方のポイント

- 医薬品は症状がひどいときのみ使う。常用すると副作用も。
- 唇荒れの日常的なケアには、医薬部外品（薬用）を。
- 敏感肌の注意成分は、dl-カンフルとl-メントール。

コスメより効く!? 美肌の基礎知識3

「医薬部外品」の正体は？

化粧品でなく医薬品でもない

　化粧品コーナーを物色していると、成分表示欄に「有効成分」と書いてある化粧品を見つけることができます。もしくは「薬用」という記載のあるものもありますが、両方とも同じ意味を持ちます。皆さんは化粧品を買うとき、この意味をしっかり理解して選んでいるでしょうか。

　これらは「医薬部外品」と呼ばれる商品群で、このタイプの化粧品はじつは法律（医薬品医療機器等法〈旧・薬事法〉）上では、ただの化粧品とは一線を画すものであると規定されています。「化粧品」と「医薬部外品」の違いはズバリ〝有効成分〟を配合しているか否かです。

　有効成分とは「医薬品」にも使用されるような〝実際に効く〟薬効効能がある成分を指していて、このような成分を規定量配合していることが役所から認められると、「化粧品」の区分では宣伝することが許されなかった効果効能をうたうことができるようになります。たとえば普通の化粧品では「ニキビを予防します」や「美白効果があります」とは宣伝できませんが、その効果に見合った有効成分を十分量配合した医薬部外品であれば、これらの宣伝を行なってもよいことになります。

　ひとことで言えば、本当の薬である医薬品ほどではないにしろ、化粧品より強い有効効果を持つ商品群を「医薬部外品」と定めているのです。

効果効能はリスクもともなう

　そのため各メーカーでは、自社

の主力商品の多くをこの「医薬部外品」として登録しています。そうすることで化粧品には認められない効果も公に宣伝できるため、消費者に対してより魅力的な商品情報を紹介することができるからです。

流行のアンチエイジング化粧品の中でもメインとなる商品といえば「美白化粧品」ですが、美白化粧品はもれなく医薬部外品になります。また、ニキビケア系の商品やフケ・かゆみ防止用シャンプーなどもこの類いです。

しかし中には、「『医薬部外品』なので化粧品より『安全』である」というイメージを消費者に与えている業者もあります。「薬用化粧品」と聞くと、なんとなく「医学的にきちんと認められた成分が入っていて安全だな」「効果を考えた薬に近い化粧品だから安心だな」と感じる方もいるかもしれませんが、じつは一概にそうとはいえません。

「医薬品」には必ず副作用があるように、同類の成分を配合している医薬部外品には同じような副作用のリスクが生じます。一応、医薬部外品は法律上では「人体に対して緩和な作用のもの」とされていますが、配合する成分の種類によっては明らかな健康危害を起こしてしまったという例も、これまで何度も報告されています。

あまり意識したことのない方が多いと思いますが、昨今報道されている化粧品にまつわる健康危害の事例は、そのほとんどが医薬部外品なのです。つまり、医薬部外品はきちんとその使用法やリスクについての情報を知っていなければ、最悪の場合、我々の身に危険が及ぶかもしれない商品ともいえるのです。

安全性という面でいえば、ただの化粧品のほうがよほど安全です。

その効果はあくまで「予防」

しかし、いかに医薬品に使われる成分を配合しているからといっても、大抵の医薬部外品には医薬品並みの効果はありません。配合している成分の濃度は医薬品に比べるとはるかに少ないですし、処方の仕方も医薬品ではなく、あくまで化粧品のものをベースにしています。成分が皮膚の奥底(真皮層)まで浸透したり、使うごとに肌が白くなっていくような効果は、まず期待するべきではありません（もし、医学的知識のない一般人が使う化粧品でそんな効果があったとしたら、とても危険です）。

医薬部外品の効果として求めるべきはずばり「予防」です。ニキビをできにくくしたり、肌を黒くなりにくくしたり、という効果が基本です。種類によっては、見るからに症状を良くしていくものもありますが（ニキビ系に特に多いです）、そういうものは後に響く副作用もあり得るのでこれも考えものです。

化粧品メーカーはあの手この手で医薬部外品がお客様の肌悩みを一挙に解決できるかのようにアピールしてきますが、実際にはそこまでの効果が見込めるものはほとんどありません。薬ではないということを忘れず、「そこそこの予防効果」程度を期待しながら使用しましょう。

成分表の表記さえ違う！

医薬部外品と化粧品とでは、成分表も大きく違います。化粧品にはある「すべての成分を配合順に並べる（1％以下は順不同可）」という「全成分表示義務」が、医薬部外品にはないのです。

とはいえ、消費者の信頼を得るため、現在ではほとんどの企業が有効成分とその全成分を自主的に記載しています。本書で紹介している医薬部外品も、すべて成分表を載せています。

しかし「成分記載順」については、多くの医薬部外品が配合順ではなく順不同で記載しており、「成分表の上位成分から優劣を判断する」という技は使えません。少なくとも、一般の方には非常に難易度が高いと思います。

ですから医薬部外品の場合は、何よりその効果効能を左右している有効成分に着目することがポイントです。安全で効果的な成分を配合しているかを見ることで、基本的な優劣を判断できます。

本書ではこのテクニックも紹介していきます。

【美白ゲル／クリーム】

Whitening gel／cream

白さを求めすぎず、低リスクの成分選びを

オススメ!

※美容室専売品

フォーレリア
メディカル
フェイシャルゲル

100g・2800円

グリチルリチン酸2K
植物のカンゾウ由来で、抗炎症効果があるのでニキビなどを鎮めるほか、日焼け後の赤みなどを改善できる。

ニチレイ・水溶性プラセンタエキスB-M
抗酸化酵素を活性化し、肌の黒ずみ（メラニンの酸化）を防ぐといわれる豚の胎盤抽出成分。美白成分の中では低刺激。

成分

【有効成分】**グリチルリチン酸２K**、**ニチレイ・水溶性プラセンタエキスＢ-Ｍ**
【その他の成分】精製水、水溶性コラーゲン液、リン酸Ｌ-アスコルビルMg、Ｎ-ラウロイル-Ｌ-グルタミン酸ジ（フィトステリル・２-オクチルドデシル）、濃グリセリン、水素添加大豆リン脂質、フェノキシエタノール、モノラウリン酸ポリグリセリル、天然ビタミンE、カルボキシビニルポリマー、水酸化K、ヒアルロン酸Na、トリメチルグリシン、メチルポリシロキサン、グリセリン、モノミリスチン酸デカグリセリル、２-エチルヘキサン酸セチル、1,３-ブチレングリコール、ＤＬ-ピロリドンカルボン酸Na液、ソルビット液、グリシン、Ｌ-アラニン、Ｌ-プロリン、Ｌ-セリン、Ｌ-スレオニン、Ｌ-アルギニン、Ｌ-リジン液、Ｌ-グルタミン酸、アラントイン、アスコルビン酸Na、トレハロース液、ローヤルゼリーエキス、セイヨウノコギリソウエキス、セージエキス、タイムエキス、ノバラエキス、ローズマリーエキス、ラベンダーエキス、オトギリソウエキス、カモミラエキス、シナノキエキス、トウキンセンカエキス、ヤグルマギクエキス、ローマカミツレエキス、カラメル、クエン酸、エデト酸四Na四水塩、パラベン
（医薬部外品のため順不同）

美白のしすぎは肌を壊す

２０１３年の美白化粧品による「白斑」事件は記憶に新しいでしょう。

問題になったカネボウ特許の元・美白有効成分「ロドデノール」など、あの事件の真相と美白のメカニズムについては、拙著『間違いだらけの化粧品選び　自分史上最高の美肌づくり』（泰文堂）でも詳しく解説しました。

詳細はそちらに譲りたいと思い

ますが、美白化粧品の選び方でまず皆さんに知っていただきたいのは、「過度の美白ケアはお肌を破壊する」ということです。その顕著な例があの事件です。

ロドデノールだけが有害だと考えるより、「同じような美白成分がまた出てくるかもしれない」と考えて、化粧品を見極める目を育ててほしいと私は思います。

安全性を取るならプラセンタ

美白化粧品は68ページで解説したように、そのほとんどが医薬部外品です。「美白」という効果は特別な有効成分を配合しなければ期待できません。

これらの有効成分には肌に負担になる可能性の高いものと、そうでないものがありますので、もし美白ケアを行なうのであれば、できるだけ後者の成分を選びたいところです。

基本的には「美白＝刺激がある」ととらえ、強力な美白化粧品ほど皮膚に負担だと心得ましょう。

私がお勧めしている美白化粧品は「ナプラ」という美容メーカーが発売している「フォーレリアメディカルフェイシャルゲル」です。ほぼオイルフリーのオールインワンゲル（化粧水、クリームなどの役目を一度に果たす化粧品）ですが、保湿力や使用感の良さは折り紙つきです。

強い美白作用ではありませんが、肌に負担になりにくい「ニチレイ・水溶性プラセンタエキスB-M」が配合されています。

この成分は従来の美白作用（メラニン還元型・チロシナーゼ活性阻害型）のどちらでもないメカニズムで働く成分で、皮膚内の抗酸化酵素を活性化させることで肌の黒化（メラニンの酸化）を抑えます。

皮膚への刺激が生じにくく、また抗炎症剤の「グリチルリチン酸ジカリウム」も有効成分として配合しているので、日焼け後の赤みなどを早く抑えるのにも使えるアイテムです。これ一本で十分の機能性といえるでしょう。

その他の成分もビタミンC誘導体、擬似セラミドなどなど、高級ブランドの商品も真っ青の成分ラインナップでありながら、価格は100gで2800円とかなり控えめ。お求めやすいのも嬉しいポイントです。

今もっともリスキーな成分は？

白斑騒動で問題になったロドデノールは、高い経皮吸収性と、肌の色素（メラニン）の工場「メラノサイト」を破壊する細胞毒性を持っていました。

一度や二度の使用で効果を発揮するものではありませんが、長期的な使用によって微量ずつ皮膚の奥に浸透したロドデノールは、この色素を作る工場を破壊していきます。その結果が皮膚の一部の色が消失する「白抜け（尋常性白斑）」です。

もし、化粧品に詳しい人たちが集まって「現在までに出てきた数ある美白有効成分で、もっとも危険なものはどれか？」という話題になれば、全会一致で今は無きこの成分を挙げるでしょう。

しかし、この成分の使用が認められなくなった現在、次に危険な成分はどれでしょうか？ 私ならば「ハイドロキノン」という成分を選びます。

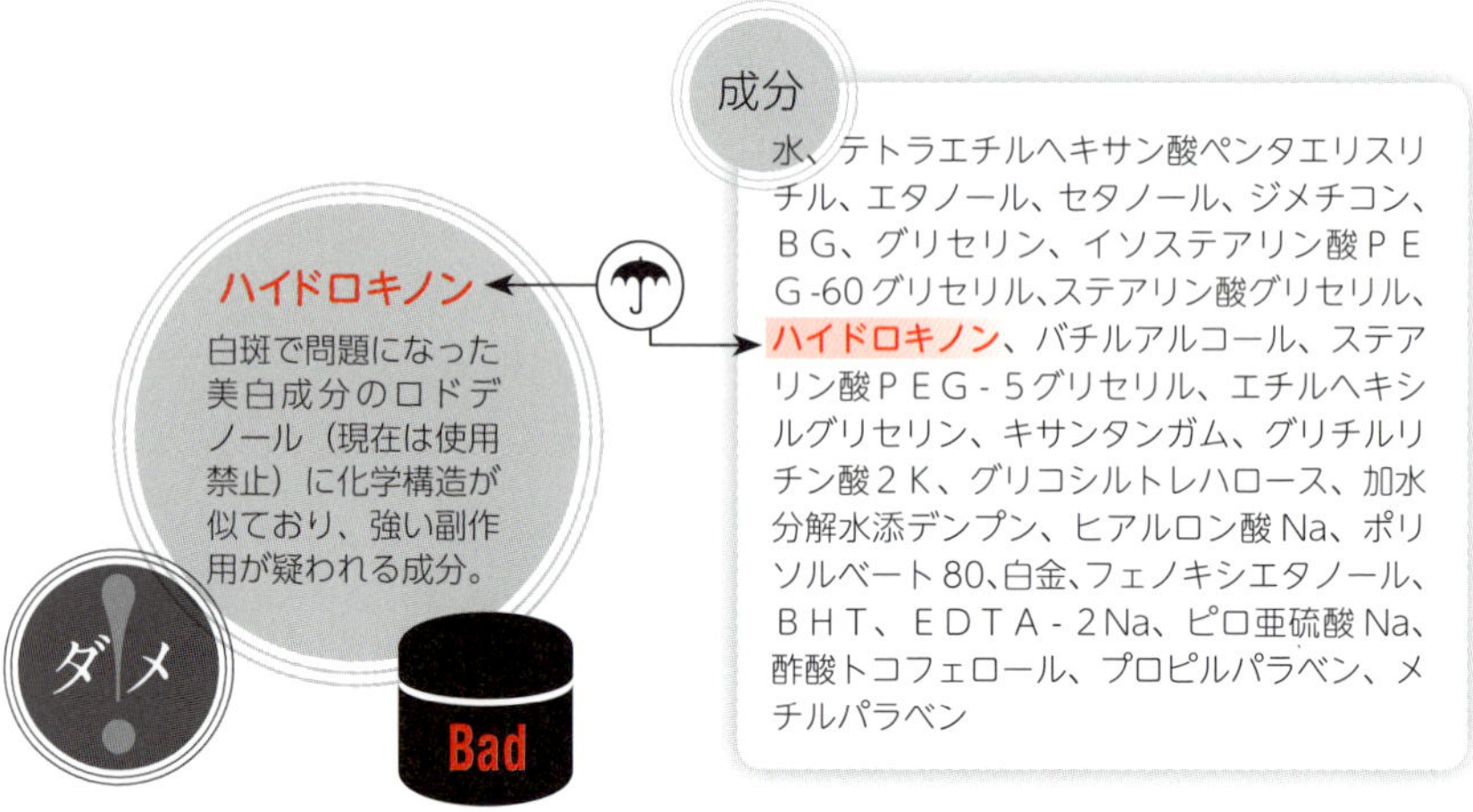

成分
水、テトラエチルヘキサン酸ペンタエリスリチル、エタノール、セタノール、ジメチコン、ＢＧ、グリセリン、イソステアリン酸ＰＥＧ-60グリセリル、ステアリン酸グリセリル、ハイドロキノン、バチルアルコール、ステアリン酸ＰＥＧ-５グリセリル、エチルヘキシルグリセリン、キサンタンガム、グリチルリチン酸２Ｋ、グリコシルトレハロース、加水分解水添デンプン、ヒアルロン酸Na、ポリソルベート80、白金、フェノキシエタノール、ＢＨＴ、ＥＤＴＡ-２Na、ピロ亜硫酸Na、酢酸トコフェロール、プロピルパラベン、メチルパラベン
ハイドロキノン
白斑で問題になった美白成分のロドデノール（現在は使用禁止）に化学構造が似ており、強い副作用が疑われる成分。
ダメ
Bad

危惧される高副作用コスメ

ハイドロキノンは実際に美容皮膚科でも使用されている〝皮膚のシミ抜き剤〟で、高濃度で使用すると強力な漂白作用を示します。しかし、だからこそ危険性も高いのです。

じつはロドデノールとハイドロキノンは化学構造が酷似しており、浸透性や細胞毒性もかなり近いのです。

また、ハイドロキノンを使用した患者の皮膚に白斑が起こったとする副作用の報告は、ロドデノールの一件以前より存在していました。つまり、ある意味ロドデノールよりも副作用が出やすく、より危険といえる可能性のある美白成分です。

このような安全上の欠点から、現在この成分は医薬部外品の有効成分への認可はされておらず、表向きには美白化粧品としては流通していません。高い効果を発揮する商品を作りたいはずの大手メーカーですら、ハイドロキノンを配合した美白化粧品は作りません。それだけリスキーな成分ということです。

しかし一方で、一般の化粧品としては2％まで配合が可能とされていて、通販サイトなどではハイドロキノン2％配合のクリームなどが販売されています。ところが、この〝2％〟は以前事件が発生したロドデノールの美白化粧品と同じ濃度です。

化粧品としての使用では、医療機関と違って医師などのアドバイスもなく、よりリスクは高まります。もしハイドロキノンがロドデノールと同等か、それ以上の効果を持つ成分だったとしたら、長期間の使用によって同じ副作用が起こってもまったくおかしくありません。

選び方のポイント

- 安全な成分選びが肝。過度の美白ケアは肌を破壊する。
- プラセンタエキスなら皮膚への刺激が生じにくい。
- 話題のハイドロキノンには、ロドデノール並みの危険性が。

【シミ対策美容液／クリーム】

Dark spot corrector

一度できたシミは頑固。それでも改善するには？

オススメ

アスコルビン酸

ビタミンCの別名。強い還元性があるので、肌の酸化したメラニンを還元してシミ・黒ずみを薄めることが期待できる。

成分

【有効成分】**アスコルビン酸（活性型ビタミンC）**、トコフェロール酢酸エステル（ビタミンE誘導体）、グリチルリチン酸ジカリウム、イソプロピルメチルフェノール

【その他の成分】ビタミンCテトライソパルミテート、エトキシジグリコール、アルピニアカツマダイ種子エキス（アルピニアホワイト）、BG、エデト酸塩、粘度調整剤、香料

（医薬部外品のため順不同）

メラノCC 薬用しみ集中対策美容液

20ml・1033円（編集部調べ）

成分

【有効成分】**L－アスコルビン酸リン酸エステルNa**、グリチルリチン酸2K

【その他の成分】精製水、クマザサ水、グリセリン、1，2-ペンタンジオール、2-メタクリロイルオキシエチルホスホリルコリン、メタクリル酸ブチル共重合体液、ヒアルロン酸Na、クエン酸

（医薬部外品のため順不同）

L－アスコルビン酸リン酸エステルNa

ビタミンCより刺激が少ないビタミンC誘導体の一種。リン酸型は効率良く作用するうえ、浸透性にも比較的優れる。

HABA 薬用ホワイトレディ

30ml・3600円

オススメ

正しい対策は予防。それでも出たら…

化粧品の範囲でできる肌のケアとは、基本的に「予防」です。医薬部外品も同じです。

シミに関しても例外ではなく、〝美白ケア〟というのも基本的に「シミを作らない」「皮膚を黒くしない」という防止作用を指します。なので、化粧品や医薬部外品のレベルで「一度できたシミを消す」ことは、あまり期待してはいけません。

しかし、成分の働きを考えると、理論的には絶対に不可能というわけではありません。敏感肌にはリスクがありますが、化粧品や医薬部外品でも、できたシミをある程度目立たなくさせることは可能です。

そのための成分が「ビタミンC（L‐アスコルビン酸）」です。

肌のシミや黒ずみは、皮膚の中にある色素メラニンが酸化して黒くなったものです。酸化によって黒くなっているのであれば、還元して元に戻してあげればいい……という理論で、強い還元性を持った成分を皮膚に塗れば、化学的な見地からシミを薄めることは可能と考えられます。

ビタミンCには強い還元作用があるので、高濃度なら皮膚表面のシミ・黒ずみを薄める効果が期待できます。これは、他の美白成分（チロシナーゼ活性阻害作用・抗酸化酵素活性化など）にはできないことです。

このような商品としては、ロート製薬の「メラノCC　薬用しみ集中対策美容液」があります。

沈着してしまったシミには

ビタミンCは効果が見込める反面、皮膚の表面にあるシミや黒ずみにしか、基本的には対応できません。角質層の奥までしつこく染みついた場合には、それなりに浸透性のある成分というように、成分を使い分ける必要があります。

そこで前項でも紹介したビタミンC誘導体なら、角層の奥まで浸透して効果を及ぼすことが可能です。ふつうの配合濃度では予防くらいしか望めない成分も、かなりの高濃度で配合すれば、シミを薄める効果もある程度期待できるでしょう。

「HABA　薬用ホワイトレディ」は、その中でも特に飛び抜けたビタミンC誘導体の配合濃度を誇るアイテムです。

浸透性の高い「L‐アスコルビ

ン酸リン酸エステルナトリウム（リン酸型ビタミンC誘導体）」を有効成分として、なんと〝6％〟も配合しています。通常の有効成分は濃度が多くて3％程度なので、一般的な美白美容液のおよそ2倍！　驚愕のアイテムです。

既にできてしまったシミに、確実にアプローチできるポテンシャルを秘めていることは間違いないでしょう。

強力な美白は敏感肌には負担大

しかし、注意していただきたいのは、ビタミンCにもビタミンC誘導体にも、高濃度になればそれなりの皮膚刺激があるということです。

良い例の後者の商品では、抗炎症成分のグリチルリチン酸ジカリウムも一緒に配合するという工夫をしていますが、お肌の弱い方が調子の悪いときに使うのは勧められません。

敏感肌、乾燥肌などのトラブルを抱えている場合は、まずは低刺激の洗浄や保湿などの肌を正常化するケアを優先していただきたいと思います。

効果なしのうえ、白斑の恐れまで！

例には例のごとく、有名なシミ消し美容液の中にはほとんどその効果が見込めないものもあります。

CMなどでも有名な某社のシミ消しクリームには、「効果が疑われている」アスコルビン酸グルコシド（有効成分名：L-アスコルビン酸2-グルコシド）が有効成分として使用されています。この成分は、

成分

【有効成分】L-アスコルビン酸2-グルコシド、グリチルレチン酸ステアリル、トコフェロール酢酸エステル
【その他の成分】サラシミツロウ、ステアリン酸、流動パラフィン、硬化油、自己乳化型モノステアリン酸グリセリル、親油型モノステアリン酸グリセリル、ベヘニルアルコール、モノステアリン酸ポリエチレングリコール、吸着精製ラノリン、メチルポリシロキサン、パラオキシ安息香酸プロピル、濃グリセリン、1，3-ブチレングリコール（以下略、医薬部外品のため順不同）

L-アスコルビン酸2-グルコシド
ビタミンC誘導体の一種。しかし、美白効果が疑われているうえ、高濃度配合で白斑の恐れも。

皮膚の内部の酵素で分解することができないため、シミを消すような効果を期待することはできません。

そのうえ最近では、このアスコルビン酸グルコシドを配合している美容液などの長期使用によって、ロドデノールのような白斑を発症したというケースが少しずつ報告されています。おそらく角層の浅い部分で分解せず、皮膚の深部まで到達してしまうことが原因と考えられますが（グルコシド結合を切る酵素は皮膚の深部の細胞内には存在しているため）、高濃度で配合している商品には今後気をつけるべきでしょう。

比較的安価だからと毎日使い続けると、リスクばかりが増えてしまう化粧品もあることを覚えておいてください。

選び方のポイント

- シミを「薄める」なら、高濃度のビタミンCかその誘導体を。
- 基本的に美白には皮膚刺激があるので、健康な肌で行なうべき。
- アスコルビン酸グルコシドは効果・安全性に疑問が。

【抗シワ美容液】

Wrinkle essence ／cream

「シワが消せるコスメ」が生まれては消える不思議

現代科学では不可能

化粧品の効果でシワを消すことは、現代の科学では不可能とされています。

「シワを消す」ことは、化粧品メーカーにとって古くからの重大なテーマの一つで、これまでさまざまな化粧品が作られ、その効果を求めてきました。しかし、いまだにただの一度も、シワを消す効果が公に認められたことはありません。

化粧品と医薬部外品の効果効能として「シワを消す」などの表現がまだ認められていないことが、すべてを物語っています。

その実態は「隠す」コスメ

そもそもシワは、加齢や紫外線の影響で皮膚の奥底の真皮層にある「エラスチン」や「コラーゲン」などのタンパク質が不足したり、水分不足などで正しい構造を保っていないことが原因で起こります。

しかし、エラスチンもコラーゲンも化粧品によって外から補給することはできません。分子の大きさが巨大すぎて皮膚に浸透しませんし、ほぼ同様の理由で「コラーゲンやエラスチンを育む」という類いの成分も、皮膚の奥底に入っていくことはできません。現状では、いったんできたシワを消すための手立てといえば、美容整形に頼る他ないといっても過言ではありません。

それにもかかわらず、昨今は「抗シワ効果」をうたう化粧品が高級ブランドを中心に発売されています。

この手の商品の不思議なところは、そもそも化粧品の効果として「シワを消す」と宣伝することはできないはずなのに、なぜか消費者にはそのような効果があると思われているところです。実際に、デパートのコスメカウンターで、そのように化粧品を勧められた経験のある女性も少なくないのではないでしょうか。

じつは、化粧品の効果としてシワにアプローチする方法は、現在ではおもに2つの方法しかありません。それは「保湿によって乾燥シワを目立たなくする」ということと、「ポリマー（高分子の結合体）やパウダーでシワを埋めて隠す」ということです。それ以外の効果は今のところ認められていません。

もしこれまで「シワを消す化粧品」として紹介されたものがあったとしたら、それはこのうちのどちらかの効果を誤認した、もしくは〝誤認させられた〟ものです。

たんなる刺激性の保湿成分？

某高級コスメブランドの有名な抗シワ美容液には「レチノール」という有効成分が配合されています。

レチノールとはビタミンAのことで、これが変化した「レチノイン酸（トレチノイン）」という成分は、美容皮膚科でも利用されているシミ・シワ治療薬です。

この成分は皮膚の代謝を促進して古い角質を剥がし、新しい皮膚を作ります。病院ではシワのある部分にこれを応用して、ハリを取り戻す治療が行なわれているのです。ただし、かなりの皮膚刺激と乾燥などの副作用がともないます。

しかし、これはあくまで「レチノイン酸」という状態の成分を使用したときの話です。

名前は似ていてもレチノールも、その誘導体である「パルミチン酸レチノール」や「酢酸レチノー

成分

【有効成分】**酢酸レチノール**、酢酸ＤＬ-α-トコフェロール
【その他の成分】水溶性コラーゲン、アセチル化ヒアルロン酸Na、クララエキス、精製水、1,3-ブチレングリコール、濃グリセリン、テトラ2-エチルヘキサン酸ペンタエリトリット、流動パラフィン、ジプロピレングリコール、キシリット、メチルポリシロキサン、エタノール、ベヘニルアルコール、バチルアルコール、カルボキシビニルポリマー、エデト酸二Na、ヒマワリ油、水酸化K、ジブチルヒドロキシトルエン（以下略、医薬部外品のため順不同）

酢酸レチノール

病院でシミ・シワ治療に使われるレチノイン酸を元にした成分。レチノイン酸と比べて効果は100分の1程度で刺激の恐れも。

Not good

惜しい

ル」なども、結局は別の物質です。レチノイン酸のような強力な薬効効果は確認されていません（データ上では、わずか100分の1の効果もないとのこと）。化粧品として医薬部外品に配合されても「保湿効果」しか認められていません。

それどころか、レチノールやその誘導体は不安定な構造を多く持っているために皮膚への刺激が強く、同様の成分を高濃度配合した「ダーマエナジー」という化粧品のシリーズが、皮膚トラブルの続出を理由に2013年に販売中止となっています。

レチノールはまるで「シワに効く有効成分」のようにいわれていますが、その実態はただの皮膚刺激のある保湿成分であり、シワを消すような効果を期待することはできないのです。

浸透できなければ効果はない

また、シワ改善効果を期待される成分として「EGF」も人気ですが、これも実際にはほぼ効果はないと思っていただいて結構です。

EGFとは「上皮細胞増殖因子(Epidermal Growth Factor)」の略名ですが、我々の身体にはじめから備わっている皮膚を作る因子のことです。

一説には、我々の皮膚は歳とって衰えると、この物質の生成が遅くなるためにたるみ、シワが刻まれるのだとか。よって、この成分を塗布することで皮膚の細胞の増殖を促して、シワやたるみを改善できる、というふうにいわれているのです。

またEGFは、その発見者スタンリー・コーエン博士がノーベル生理学・医学賞を受賞していることから、「ノーベル賞を受賞した成分！」などと宣伝されています。

しかしこの成分も、やはり皮膚塗布では大きな効果は見込めません。

そもそもEGFは、分子サイズが大きいタンパク質の一種ですから、もし塗ってもその細胞が作られている皮膚の奥底まで浸透することができません。火傷などの治療で効果を発揮したというデータもありますが、それは傷によって皮膚の内部組織が露出している状態だから効果があったのであって、細胞増殖効果があったとしても細胞を作っている場所に到達しなければ何の意味もありません。

つまり、化粧品に配合しても、意

味がないということです。

コーエン博士がノーベル賞を受賞したのは、このEGFを含め複数のタンパク質を発見した功績を讃えられたものであって、けっして化粧品の成分として効果のあるものだからノーベル賞を受賞したわけではないことを念頭に置いてください。

大きな効果がないわりにとても高額の原料なので、その成分を配合した化粧品も高価になりがちです。たとえば、下の例は20mlで3800円もします。注意しましょう。

成分

水、BG、**ヒトオリゴペプチド-1（hEGF-1）**、ヒアルロン酸Na、水溶性コラーゲン、水溶性エラスチン、プラセンター、マンニトール、クエン酸、クエン酸Na、フェノキシエタノール

ヒトオリゴペプチド-1（hEGF-1）

EGFとは上皮細胞増殖因子の略。人体に備わっている皮膚を育てる因子のことだが、肌に塗ることでの効果は疑わしい。

選び方のポイント

- 保湿やパウダーでシワを「ごまかす」ことは可能。
- レチノールはたんなる保湿成分。しかも皮膚に刺激の懸念も。
- 化粧品としてEGFを配合しても効果はほぼ期待できない。

【シワ伸ばし化粧品】

Temporary wrinkle remover

固めて伸ばす安易なコスメ。その成分も危険だらけ

怪しい商品がいっぱい

前項で説明したように、化粧品に「できたシワを消す」という効能はありません。できるのは、

・保湿で肌を膨らませて、シワを目立たなくさせる。

・ポリマーやパウダーを使って覆い隠す。

この2つくらいしかありません。実際にそのような効果の化粧品なら肌に大きな負担はありませんし、メイクアップの一環と考えれば、それはそれで便利です。

ですが最近は、使う人の「シワを消したい」という願望につけ込んだ悪質な怪しい商品も流通しているようです。目立たなくする、隠すという比較的穏やかな方法を超えて、物理的に肌を〝固定〟してしまおうという大胆な化粧品まで生まれているのです。

これらは、メイクとして気軽に使う方もいるのでしょうが、塗った部分の肌はそこだけ質感が変わるので、うまくお化粧がのらなくなります。また当然、皮膚にとってそのような成分で固められることは良いことではありません。

しかも、私が何より気に入らないのは、こういった類いの化粧品は妙に価格が高額なことです。

この項では、その中から特に低品質といえるものや、非常に危険なものをお知らせしたいと思います。

ヘアスプレーのように固める!?

最近特に多いのがこの手のアイテムです。シワの気になる部分に塗りこんで、肌を持ち上げた状態でしばらく置いておく……。すると、肌にピンとハリが出るではありませんか！　まるでシワが伸びて、消えたかのようです。

しかしこのトリックは簡単で、このような化粧品には接着剤や糊と同類の成分である「アクリルポ

アクリル酸アルキルコポリマー
アクリル系の水溶性ポリマー。ヘアスプレーの主成分であり、乾燥すると付着した部位を固める作用がある。

成分
水、BG、グリセリン、エタノール、**アクリル酸アルキルコポリマー**、アセチルヘキサペプチド-8、加水分解オクラ種子エキス、加水分解ゴマタンパクPGプロピルメチルシランジオール、グリコシルトレハロース、加水分解水添デンプン、ヒアルロン酸Na、水溶性コラーゲン、PVP／ポリカルバミルポリグリコール、プルラン、キサンタンガム、デキストリン、クエン酸Na、クエン酸、エチドロン酸、フェノキシエタノール、メチルパラベン

リマー」が配合されています。

中でも最近では、ヘアスプレーと同じ主成分が使われることが多いのです。ヘアスプレーは吹きつけると髪型を固定してくれますね。これと同じ原理で、皮膚を固めてシワを伸ばしているのです。

ヘアスプレーのアクリルポリマーは水に溶けやすい成分でできているので、つけているときはピンとハリが出ますが、水で流せば元どおりです。外出時など、必要なときだけ使える化粧品ですが、敏感肌ではそういう異物感が刺激にもなります。肌荒れを招くこともあるでしょう。

このような商品は、市販のヘアスプレーと同じような成分にもかかわらず、10mlや20mlで5000〜1万円もするものが多いです。買う価値があるかどうか、冷静に考える必要があります。

テレビで大人気のあのコスメは…

これまで私が見てきた中でもっとも危険だと感じたのは、次ページの例の商品です。なんでもテレビショッピングなどでも宣伝して、かなりの人気があったようですね。しかし成分内容を見ると、お世辞にも賞賛できない商品でした。

主成分として「ケイ酸ナトリウム」という成分を配合しているこちらの商品は、表向きには前述した「接着剤で固める」というものです。ケイ酸ナトリウムは皮膚上で固まってシワを伸ばし、ハリを演出できるからです。

しかしこのケイ酸ナトリウム、じつは専門家の間ではとても危険な成分として知られているものなのです。

　ケイ酸ナトリウムの別名は「水ガラス」といって、化学実験などでよく使われる成分です。この物質は水と酸を加えていくと徐々にゲル状になり、次第に固化してカチカチに固まる性質があります。皮脂などの弱酸性物質を利用し、固めてしまおうというわけです。

　しかしケイ酸ナトリウムは強アルカリ性の物質で、たいへん強力な皮膚刺激を持ちます。実験では「皮膚に触れないように扱う」ことが基本です。

　また、この成分が目に入った場合、結晶化した水ガラスが目の組織を傷つける恐れもあります。そんな成分を化粧品に配合して使うなど、日本の化粧品業界ではまず考えられません（実際にこの化粧品はアメリカ製です）。

　化粧品処方の専門家に「そんな化粧品があるはずはない！」と言わしめたほどあり得ない商品なのですが、今でもネット通販を中心に流通しているようなので、どうぞお気をつけください。

成分

水、アロエベラ液汁、加水分解コラーゲン、**ケイ酸Na**、ＰＧ、ケイ酸（Al/Mg）、セルロースガム、メチルパラベン、プロピルパラベン、トコフェロール、パルミチン酸レチノール、キュウリエキス、アスコルビン酸、加水分解シルク

ケイ酸Na

別名「水ガラス」。強アルカリ性で皮膚刺激が強く、しかも硬く結晶化するので、肌や粘膜にとってたいへん危険。

選び方のポイント

- 肌を固めることが刺激になる上、異常なほど高額な商品が多い。
- 主成分が接着剤・ヘアスプレーと同じというコスメが蔓延。
- ケイ酸ナトリウムは強アルカリで、物理的にも非常に危険。

コスメより効く!? 美肌の基礎知識④

はまってほしくないNGケア

角栓パック

角栓は肌に必要なもの

毛穴の角栓パックは息の長い人気の商品です。熱いタオルで蒸した小鼻にパックを貼って、しばらく待ってから剥がすと、毛穴の角栓がびっしり張り付いて取れるのが爽快ですよね。

ですが、この「角栓パック」は、今市販される美容グッズの中でも特に要注意のアイテムなのです。

その特に大きな問題点は角栓を過剰に取りすぎてしまうことです。

そもそも毛穴の「角栓」というものは単なる汚れではなく、異物が入り込まないようにするための「フタ」のようなものであり、毛穴の内部にいくらかの角栓が詰まっていることは肌の健康を保つうえで重要なことなのです。そのため、角栓パックで角栓を取りすぎると、毛穴から外部の汚れや雑菌が入り込みやすくなり、ニキビや吹き出物ができる事態にもなります。

さらに、本来あるべき角栓がなくなることで皮脂腺が活発化して、皮脂を過剰に分泌するようになります。結果として肌が荒れたり、脂性肌を引き起こしやすくなる懸念があるのです。

荒れるうえ角栓を増産!?

また、角栓パックは「粘着性の成分を皮膚に貼り付けて剥がす」という性質上、どうしても一緒に毛穴周囲の健康な皮膚組織まで剥がしてしまいます。その結果、やりすぎれば毛穴の周囲が慢性的な炎症状態になってしまいます。

しかも、刺激を受けた皮膚は角質の代謝を早める性質がありますので、角栓パックでダメージを与えるごとにどんどん毛穴周囲の角質が産生されていきます。角栓は皮脂と角質の混合物なので、やがて代謝しやすくなった角質と過剰に分泌された皮脂が混ざって、どんどん角栓が生まれていきます。

このような理由で、角栓パックをしすぎると「ニキビなどができやすくなる」「脂が出やすくなる」「毛穴の周囲が炎症を起こして腫れる」「角栓がより作られる」などの症状につながり、小鼻をキレイにするどころか、どんどん汚くなる原因になってしまうのです。「爽快だから」とやりすぎるのは絶対にＮＧ！です。

軟膏パックにも問題が…

最近では、角栓対策として「オロナインＨ軟膏」と市販の毛穴パックを使った「オロナインパック」という方法も流行っています。

しかし、オロナインには殺菌剤が入っているので、かえって肌への刺激と常在菌の過剰殺菌につながる可能性だってあります。たとえだれもが見知ったあのオロナインでも薬は薬。化粧品とは違います。医薬品は本来の用法以外の使用法は控えるべきです。

ピーリング・ゴマージュ

なぜ薬剤で角質が取れるのか

ピーリングとは皮膚の表面に物理的、もしくは化学的にダメージを与えて、肌の自己再生機能を活性化させ、主にニキビやシミ・そばかすなどの症状を改善させる施術のことです。

本来、美容皮膚科などで行なわれるべきもので、医療機関ではＡＨＡ（α-ヒドロキシ酸）やＢＨＡ（β-ヒドロキシ酸）を使用した「ケミカルピーリング」が主流で、治療に用いられています。

ピーリングに用いられる薬剤は、簡単にいえば、角質を分解する作用があります。そのため薬剤の効力の強さや濃度などによっては皮膚に対して大きなダメージとなってしまうことがあるため、専門的な知識なしで行なうことは非常に危険です。

本来は医療行為

最近ではエステサロンなどで

も、ほぼ同様の施術内容が行なわれていますが、これには大きな問題があります。

エステティシャンは医療の専門家ではなく、薬品に対する専門知識も持っていない場合がほとんどです。そのために、ここ数年、エステサロンでのピーリング施術で皮膚障害が発生したという報告が相次いでいます。

この状況を受けて、国民生活センターや厚生労働省もエステサロンでのピーリング行為には警鐘を鳴らしています。ピーリング施術は非常に危険な薬剤を使用する「医療」行為です。いかに価格が安くてもエステでの施術は避け、クリニックなどを利用するようにしましょう。

ただ、いずれにしてもピーリングで使用する薬品は皮膚の角質を分解する危険なものです。これを頻繁に行なうのは当然肌への大きな負担となります。

たとえ医療機関での施術であっても、トラブルが報告されている件数が非常に多いのは変わりません。特にお肌の弱い方などは、ピーリング施術はできるだけしないようにしたほうが賢明だと思います。

ゴマージュの効果は?

ところで自宅でも使用できる「ピーリングジェル」も人気です。

これはジェルを肌に塗ってこすると、ボロボロと白いゴミのような固まりが取れるというもの。この白い固まりを「老廃角質」などと説明する商品もあります。

しかしじつは、この白いゴミはピーリングジェルに含まれる「ゲル化剤」という化学成分です。それが摩擦によって絡まり合い、固形化したものです。老廃角質の固まりではありません。

化粧品のピーリングジェルは正確には「ゴマージュ」というもので、こういったゲルの固まりで皮膚表面をこすって汚れを吸着させるのがその効果です。よってこのような商品には、いらない角質を剥がすような効果はありません。

さらに、ヘアケア用のトリートメントなどに配合される「陽イオン界面活性剤」を配合して、洗い流し後の質感をすべすべに整える工夫まで施されています。しかし、この陽イオン界面活性剤には皮膚刺激があり、肌荒れの原因になることも忘れてはいけません!

【ボディソープ】

Body soap

弱酸性にも落とし穴が！敏感肌に本当に優しい洗浄成分は？

N-ヤシ油脂肪酸アシル-L-グルタミン酸トリエタノールアミン
別名「ココイルグルタミン酸ＴＥＡ」。アミノ酸系界面活性剤の一種で洗浄力は穏やかで低刺激性。敏感肌向けの洗浄成分。

アルキルカルボキシメチルヒドロキシエチルイミダゾリニウムベタイン
別名「ココアンホ酢酸Na」。極低刺激性の両性イオン界面活性剤の一種なので、敏感肌・アトピー肌でも使いやすい。

オススメ！

ミノン　全身シャンプー（しっとりタイプ）

450ml・1400円（編集部調べ）

成分

【有効成分】アラントイン、グリチルリチン酸アンモニウム
【その他の成分】濃グリセリン、ＤＬ－ＰＣＡ・Na液、**アルキルカルボキシメチルヒドロキシエチルイミダゾリニウムベタイン**、**Ｎ－ヤシ油脂肪酸アシル－Ｌ－グルタミン酸トリエタノールアミン**、ラウリン酸ジエタノールアミド、クエン酸、パラベン、香料
（医薬部外品のため順不同）

トラブル肌に石けんはNG

「石けんは肌に優しい」と思っている人が多いですが、じつはこれは間違いです。「固形石けん」の項で紹介した「アレッポの石鹸」のように比較的刺激の少ないものもありますが、その成分の特性上、石けんには敏感肌には刺激になる要素があります。

アルカリ性の洗剤である石けんは、基本的に皮膚には刺激となり、洗浄力もとても高いのです。

石けんは目に入るととても痛いですね。つまり粘膜に刺激を与えているのです。それが皮膚にも負担になることの証拠。また、石けんで洗うとお肌がキュッキュッとなりますね。それが高い脱脂力の証拠です。

そういったことから、じつは石けんは、敏感肌やアトピーにはあまり適さない洗浄成分といえます。もちろん健康な肌には問題ありませんが、お肌の弱い方には皮膚刺激や乾燥の原因となることがあります。

最近のボディソープは、「石けん」と書いてなくても石けん成分を主成分に配合した商品が多いので、もし敏感肌の場合は、こういった商品は選ばないのが賢明です。

5章では、特に敏感肌・乾燥肌・アトピー肌などに優しい商品を紹介していきます。ふだんは肌が丈夫な方でも、体調や季節の変化などで過敏になったり吹き出物が出ることもあると思います。そんな場合に、以下の商品を使ってみてください。

とことん優しい洗浄成分

敏感肌用のボディソープでは、皮膚刺激の強い洗浄成分が入ったものは避けてください。このような皮膚刺激が強い洗浄成分は肌に影響が出る可能性がありますし、単純に、目に入るととても染みます。

逆に、ごく低刺激の洗浄成分は、目に入っても全然痛みがありません。1章の「洗顔料」の項で紹介した、酸性石けんが主成分の「ココイルボディソープ」や「泡洗顔料」の項の「ベビーセバメド　フェイス&ボディウォッシュフォーム」も、目に入ってもほとんど痛くなく、肌に優しいことが実感できる洗剤の一種です。

これらのボディソープを使うのももちろんオススメですが、より低刺激を求めるなら、「両性イオン界面活性剤」というタイプの洗浄成分を主成分に使用しているボディソープは、「ほとんど」どころかまったく目に染みません。

市販されている商品で有名なものでいえば、「ミノン　全身シャンプー（しっとりタイプ）」などでしょう。〝ベビーソープ〟として作られているものが大半で、「ココアンホ酢酸ナトリウム（アルキルカルボキシメチルヒドロキシエチルイミダゾリニウムベタイン）」という両性イオン界面活性剤を主成分として配合しています（類似の成分でいえば、「コカミドプロピルベタイン」という成分も有名です）。

また補助洗剤の「ココイルグルタミン酸TEA（N-ヤシ油脂肪酸アシル-L-グルタミン酸トリエタノールアミン）」は「アミノ酸系界面活性剤」の一種であり、どちらも皮膚に刺激を与えない優しい成分なので、敏感肌やアトピー肌向きです。

洗浄剤のpHも弱酸性に整えられており、肌にとって好適な弱酸性の状態を崩しません。

「ミノン　全身シャンプー」は医薬部外品で抗炎症剤も配合されているので、かゆみの予防効果が高いことも嬉しい点です。

弱酸性だけど高刺激…?

注意していただきたいのは、石けんと違い弱酸性だからといって、その洗浄剤がすべて肌に優しいとはいえないことです。

「弱酸性のボディソープ」でCMでもおなじみの某商品は、「ラウレス硫酸アンモニウム」という洗浄成分を使用しています。この成分はとても洗浄力が高く、敏感肌には刺激になります。

一般的に「ラウリル硫酸~」「ラ

成分

水、**ミリスチン酸**、**ラウリン酸**、水酸化K、**ラウレス硫酸Na**、グリセリン、**パルミチン酸**、ジステアリン酸グリコール、ステアリン酸、香料、PG、コカミドプロピルベタイン、ヒドロキシプロピルメチルセルロース、**グアーヒドロキシプロピルトリモニウムクロリド**、BHT、EDTA-4Na、エチドロン酸、塩化K、メチルイソチアゾリノン

成分

水、**ラウレス硫酸アンモニウム**、PG、ラウレス-4カルボン酸Na、エタノール、ラウリルグルコシド、ベタイン、ミリスチルアルコール、エチルヘキシルグリセリン、ジステアリン酸グリコール、ヒマワリ種子油、カミツレ花エキス、ユーカリ葉エキス、ワセリン、イソステアリン酸コレステリル、**グアーヒドロキシプロピルトリモニウムクロリド**、ポリクオタニウム-7、PEG-65M、ラウリルヒドロキシスルタイン、コカミドMEA、ラウリン酸、ラウレス硫酸Na、ラウレス-4、BG、リンゴ酸、クエン酸、水酸化Na、安息香酸Na、香料

ミリスチン酸、ラウリン酸、パルミチン酸

パーム油やヤシ油を原料とする成分で、安価な石けんの主成分になっている。分子が小さく、刺激になる場合がある。

グアーヒドロキシプロピルトリモニウムクロリド

肌のしっとり感を出したり、髪のきしみ防止になる保湿成分だが、微弱ながら敏感肌への刺激が懸念される。

ラウレス硫酸Na、ラウレス硫酸アンモニウム

「ラウレス硫酸~」という成分は、洗浄力・脱脂力が高く、敏感肌への刺激が懸念される。

ウレス硫酸～」という名前の洗浄成分は、成分の特性上弱酸性にもなりますが、洗浄力が非常に高く、敏感肌には刺激になってしまうことがあります。にもかかわらず、非常に安いコストで大量生産できるので、昨今の市販のシャンプーや洗顔料、その他の洗浄剤類全般に広く使用されています。

健康な肌の場合には問題なく使用できる成分ですが、肌の弱い方（敏感肌・アトピー）にはお勧めできません。特に「ラウリル硫酸～」というタイプは刺激も残留性もより強く、「敏感肌ならもっとも避けたい洗浄成分」と言っても過言ではありません。

なぜムダな成分が増えるのか

これらのボディソープの成分を比較してみると、敏感肌用の低刺激のソープは成分数が少なく、悪い例のアイテムは成分数が多いことがわかります。

特に、悪い例の成分で下のほうに配合されている「グアーヒドロキシプロピルトリモニウムクロリド」などは、流した後にしっとり感を演出する保湿成分ですが、微弱な刺激があるため敏感肌向けではありません。

メインの洗浄成分の質が低いと、こういうムダな成分を配合しなければ使用感が悪くなります。そして、ムダな添加物が増えるほど皮膚への負担は増える……。

肌質に悩んでいる方は、洗浄剤に配慮したシンプルな成分構成のものを選びましょう。

選び方のポイント

- ●敏感肌・アトピー肌にとって、石けんは刺激・乾燥の元。
- ●弱酸性でも刺激になる「ラウリル硫酸系」と「ラウレス硫酸系」。
- ●成分数もチェック！　質の低い洗浄成分ほど添加物が必要。

【ボディクリーム】

Body cream

油分プラス「セラミド」。塗るコスメでできる肌バリア作り

ケアセラ　AP フェイス&ボディクリーム

70g・1200円（編集部調べ）

BG、グリセリン

化粧水に多用される刺激の低い保湿成分。前者が「さっぱり」、後者が「しっとり」という使用感の違いがある。

セラミド1〜6Ⅱ、セラミドEOS

すべて人間の肌・髪に存在するセラミド成分。バリア機能を担っている重要な成分だが、敏感肌には不足しがち。

成分

水、**BG**、**グリセリン**、セタノール、テトラエチルヘキサン酸ペンタエリスリチル、ワセリン、トリエチルヘキサノイン、ミネラルオイル、シア脂、PEG-60水添ヒマシ油、ペンチレングリコール、ラノリン、ジメチコン、ステアリン酸グリセリル、**セラミド1**、**セラミド2**、**セラミド3**、**セラミド6Ⅱ**、**セラミドEOS**、カプロオイルフィトスフィンゴシン、カプロオイルスフィンゴシン、ジヒドロキシリグノセロイルフィトスフィンゴシン、コレステロール、ベヘン酸、塩化Na、塩化K、ピリドキシンHCl、セリン、オリゴペプチド-24、セテアレス-25、EDTA-2Na、カルボマー、TEA、ベヘニルアルコール、フェノキシエタノール

塗る前に「洗う」を見直す

もし身体が乾燥する、もしくはかゆみが出るなどの症状がある場合は、クリームなどで保湿することを考える前に、ボディソープから変えてみてください。身体の乾燥やかゆみは、ボディソープを肌に優しいものに変えると落ち着くことも多いのです。

肌が乾燥してしまうのは、ボディソープによって必要な油分や保湿成分が過剰に取り除かれるからであり、洗浄を穏やかにすることで、これらを肌に留めることができます。健康な肌を維持するために必要なものは、何もわざわざ外から補給しなくても自分の身体で作ることができるのです。

アトピーや乾燥肌でお悩みの方は、まずはボディソープの見直しから始めてみてください。

不足するセラミドを補給

乾燥肌や敏感肌には、「セラミド」という物質が不足していることが最近の研究でわかってきています。

セラミドは皮膚のバリア機能を司る重要な物質ですが、人それぞれその産生量が異なっており、その量が少ない人は乾燥肌や敏感肌になりやすいと考えられています。また、アトピー体質の人も同じように、セラミド量が健康な人より少ないことが知られています。

セラミドは皮膚のバリアになる物質なので、肌が弱い人はこの成分を積極的に補い、かつ洗浄によって流しすぎないことが、健康な肌を維持するためのポイントです。

2014年にロート製薬が発表した「ケアセラ」は、人間の肌に存在するものと同じセラミド（ヒト型セラミド）を複数ブレンドした「天然型マルチセラミド」配合のボディケアシリーズです。

同シリーズでも、ボディソープでの使用では大事なセラミドが流れてしまうので、そのぶん効果が減ってしまいますが、「ケアセラAP　フェイス&ボディクリーム」は市販のボディケアコスメの中ではたいへん希少な本物のセラミドを配合したボディクリームとして非常にオススメです。

セラミドはとても高額な原料なので、ドラッグストアにあるようなクリームにはそれほど多くの配合はできません。しかし「ケアセラ」の天然型マルチセラミドは、複数種のヒト型セラミドをブレンドすることで、ある程度配合濃度の不足をカバーしています。市販のボディクリームとしては、かなり優秀な部類といえるでしょう。

主成分はBGやグリセリンなどの低刺激の保湿成分で、油分にはベタつきの少ないセタノールやエステルオイル（テトラエチルヘキサン酸ペンタエリスリチル、トリエチルヘキサノイン）を使用。比較的軽いタッチで塗り伸ばせるクリームで、お顔の保湿にもOKです。

石けん乳化はNG

クリームは基本的に水分と油分を界面活性剤で混ぜ合わせたものです。

界面活性剤はインターネットの世界などで悪く言われることがよくある成分ですが、「界面活性剤は全部良くない成分だ」と考えるのは間違いです。良くない性質の界面活性剤もあれば、そうでもないものもあります。

一般的に洗顔料やソープ用の「陰イオン界面活性剤」には皮膚刺激がありますが、クリームなどの「塗り置き化粧品」の乳化に使う「非イオン界面活性剤」には皮膚刺激はほぼありません。

まともな化粧品メーカーはこの区別をよく知っているので、クリームの乳化には一般的にこの非イオン界面活性剤というタイプのものを用います。「ケアセラ」のクリームでは、「ＰＥＧ‐60水添ヒマシ油」がそれに当たります。

しかし、これらの非イオン界面活性剤はほぼすべて化学合成して作られるものなので、過剰に「自然派」を追求する人々や企業の嫌悪の的になることがあります。

「石けん乳化」とは、化学合成物質じゃない（と思われている）石けんを用いて、水分と油分を混ぜ合わせる乳化手法のことを指します。とある石けんメーカーが作ったクリームは、合成界面活性剤は良くないということで、この石けん乳化法を採用しています。

しかしじつは、石けんも化学合成して作られる界面活性剤であり、先ほど挙げた陰イオン界面活性剤の一種で皮膚刺激があります。加えてアルカリ性なので、弱酸性の皮膚を保護するクリームなどにはまったく不適切です。

皮脂などと反応して石けんカスを生じるなどの使用感の問題もあり、「塗る」化粧品にこの成分を用いるのは間違いといえるでしょう。

惜しい

Not good

カリ石ケン素地

石けんのこと。アルカリ性の洗浄成分で肌に刺激があり、乳化剤としての安定性に欠けるので塗る化粧品への配合は不適切。

成分

水、グリセリン、ホホバ油、**カリ石ケン素地**、パルミチン酸、ステアリン酸、ベヘン酸、スクワラン、オリーブ油、アーモンド油、トレハロース、ローズマリーエキス、ラベンダー油、ニュウコウジュ油、ベヘニルアルコール、トコフェロール、ヒノキチオール、エタノール

選び方のポイント

- ボディソープを見直して、それでもダメならクリームを使う。
- 乾燥・敏感肌は不足しがちな「セラミド」配合がオススメ。
- 石けん乳化の商品には、皮膚刺激、石けんカスなどの問題が。

【ボディ用日焼け止め】

Sunscreen for the body

たっぷり使えて低刺激！弱い肌こそ紫外線ケアを

サンキラー パーフェクトストロングモイスチャー

30ml・800円

メトキシケイヒ酸エチルヘキシル

肌に炎症を起こすUVBを吸収する。配合量が極端に多いと乾燥や刺激の原因になるが、この2例のような工夫で克服できる。

成分

水、BG、**シクロペンタシロキサン**、イソドデカン、トリエチルヘキサノイン、**メトキシケイヒ酸エチルヘキシル**、メタクリル酸メチルクロスポリマー、トリメチルシロキシケイ酸、ラウリルＰＥＧ-９ポリジメチルシロキシエチルジメチコン、オクトクリレン、ジエチルアミノヒドロキシベンゾイル安息香酸ヘキシル、グリセリン、ヒアルロン酸Na、ヒバマタエキス、水溶性コラーゲン、ジステアルジモニウムヘクトライト、グリチルリチン酸２K、ＥＤＴＡ－２Na、香料、ＢＨＴ

スキンアクア スーパーモイスチャーミルク

40ml・1000円

シクロペンタシロキサン

環状シリコーンの一種。ここでは紫外線吸収剤の皮膚への刺激を防ぐ成分として配合されている。

成分

水、**シクロペンタシロキサン**、酸化亜鉛、**メトキシケイヒ酸エチルヘキシル**、BG、コハク酸ジエチルヘキシル、ポリメチルシルセスキオキサン、含水シリカ、グリセリン、ラウロイルリシン、ラウリルPEG-9ポリジメチルシロキシエチルジメチコン、ジエチルアミノヒドロキシベンゾイル安息香酸ヘキシル、ヒアルロン酸Na、アクリレーツコポリマー、ハイドロゲンジメチコン、フェノキシエタノール、トリエトキシシリルエチルポリジメチルシロキシエチルヘキシルジメチコン、メチルパラベン、EDTA-2Na、アセチルヒアルロン酸Na（スーパーヒアルロン酸）、加水分解コラーゲン（コラーゲン）、アルギニン、マロン酸ビスエチルヘキシルヒドロキシジメトキシベンジル

化粧品以上の紫外線の害

アレルギーなどがある方でなければ、私たちの肌はそんなに化粧品で激荒れすることはありません。少なくとも、塗って30分で肌が赤くなったりするものは、ごくごく稀なものでしょう。

ですが「紫外線」はいかがでしょう。真夏の強い日差しなら、30分も直接浴びれば肌が炎症を起こして赤くなります。一日中浴びた場合、肌が焼け焦げて軽い火傷のようになることもあります。

それだけでなく、紫外線の影響として老化を促進する作用（光老化）も知られています。日光を浴びた直後は特に変化がないように思えても、そのダメージが10年、20年と蓄積されると、ある時から急にシワやたるみが目立ちはじめるのです。その例として、同じ方向から日光を浴び続け、顔半分が異常に老化したトラック運転手の写真はインターネットの記事などで有名です。

「紫外線吸収剤」は、3章でも説明したとおり肌にダメージを与える可能性があることは確かです。しかし、それでも吸収剤を避けることで紫外線防御効果が薄まれば、今度は紫外線の影響を強く受けて、逆に肌により大きなダメージを受けることになります。紫外線に弱い敏感肌であればなおさらです。

日差しの強い場合には、吸収剤の負担より紫外線の負担のほうが大きくなることもあります。ケースバイケースで、吸収剤で紫外線防御効果を高めた日焼け止めも使うようにしなくてはなりません。

リーズナブルだけど低刺激

肌に優しいことを優先した日焼け止めであれば、3章で紹介した紫外線散乱剤ベースのクリームタイプが基本的にオススメです。

ですが、クリームタイプで肌への負担を考慮したものは、やはり全体的に高額ですし、散乱剤だけでは強い日差しには対応できません。特にボディ用としての使用量を考えると、もう少しリーズナブルなものを選びたいはずです。

ロート製薬の「スキンアクア スーパーモイスチャーミルク」は、コンビニでも購入できる超リーズナブルな日焼け止めミルクですが、実力の面でも同価格帯の商品の中では指折りのアイテムです。

紫外線吸収剤入り、「ＳＰＦ50＋／ＰＡ＋＋＋＋」と、とても高い効果を持っていつつも、じつは肌の弱い人でも使用できるように、ある工夫がされています。

物理的に欠点を克服！紫外線吸収剤でも安心

それは吸収剤が直接皮膚に触れないように、多めの「シクロペンタシロキサン」（安定性の高いシリコーンオイル）で吸収剤を包み込んでいることです。このような処方であれば、吸収剤の刺激をシリコーンが代わりに引き受けてくれるため、肌に刺激が伝わりにくくなります。

また、足りない分の紫外線防止効果は、散乱剤を追加して補強しています。

低コストながら肌への優しさまで考え、吸収剤を使いすぎないところも好印象です。化粧品の処方としては定番ともいえる手堅い方法で低刺激化してあり、そのぶん安心感を持って使用できます。

同様の工夫が見られる商品として、伊勢半の「サンキラー パーフェクトストロングモイスチャー」も優秀ですね。安価で低刺激のボディ用日焼け止めとしてオススメです。

成分を見るときは、これらのように紫外線吸収剤（メトキシケイヒ酸エチルヘキシル）よりシリコーンオイル（シクロペンタシロキサンなど）が前の順位に書かれているものを選びましょう。

成分

水、**メトキシケイヒ酸エチルヘキシル**、（メタクリル酸ラウリル／メタクリル酸Na）クロスポリマー、BG、ジメチコン、（アクリル酸／アクリル酸アルキル（C10-30））コポリマー、ジメトキシベンジリデンジオキソイミダゾリジンプロピオン酸オクチル、PEG-32、スクワラン、ハイブリッドヒマワリ油、ハマメリスエキス、カミツレエキス、水酸化K、フェノキシエタノール、EDTA-2Na、BHT

メトキシケイヒ酸エチルヘキシル

肌に炎症を起こすUVBを吸収する。その際に熱エネルギーを放出するため、配合量が極端に多いと乾燥や刺激の原因に。

Not good 惜しい

逆に肌に厳しい商品とは？

市販の日焼け止めは、紫外線吸収剤をメインに配合しているものがほとんどです。

まず一番避けたいのは、紫外線吸収剤の配合量が水の次に多いもの。これでは水分が揮発したときに、肌に残るのはほとんど吸収剤のみですから、吸収剤の刺激がダイレクトに肌に伝わってしまいます。

また、3章でも解説したように、「ジェルタイプ」の日焼け止めはさらにNG。皮膚刺激になるエタノールやPGなどが多く配合されるので、ジェルタイプで吸収剤が成分表のトップにある日焼け止めは、特に敏感肌の人には不向きです。

先ほど良い例として紹介した2点の日焼け止めと同じような価格で、お店の棚に隣同士に並んで販売されていることも多いので、うっかり間違えないよう、どうぞご注意ください。

選び方のポイント

- ●日差しの強さによっては、紫外線吸収剤を使ったほうが安全。
- ●吸収剤配合ながら、シリコーンオイルで刺激を抑えた商品も!
- ●水の次に吸収剤が多い商品やジェルタイプはNG。

成分

水、**エタノール**、**PG**、**メトキシケイヒ酸エチルヘキシル**、ジメチコン、トリ(カプリル酸/カプリン酸)グリセリル、エチルヘキシルトリアゾン、ジエチルアミノヒドロキシベンゾイル安息香酸ヘキシル、ヒアルロン酸Na、キハダ樹皮エキス、クインスシードエキス、酢酸トコフェロール、(アクリレーツ/アクリル酸アルキル(C10-30))クロスポリマー、カルボマー、セテス-10、水酸化Na、メチルパラベン

惜しい

Not good

エタノール

酒の主成分。皮膚への刺激がある他にも、アレルギー性や蒸発(揮発)によって肌を乾燥させるという欠点がある。

PG

古くから保湿成分として多用されてきたが、皮膚への刺激が懸念されたため、昨今では配合が控えられている。

【ニキビケア】

Acne care

肌環境を整えるのが第一。殺菌に頼ると再発する

オススメ

グリチルリチン酸2K、アラントイン
両方とも抗炎症作用がありニキビの腫れを抑える成分。殺菌はしないが、その分肌への負担や副作用の心配が少ない。

成分

【有効成分】**グリチルリチン酸2K、アラントイン**
【その他の成分】桃葉エキス、アロエエキス-1、グリセリンエチルヘキシルエーテル、無水ケイ酸、キサンタンガム、カルボキシビニルポリマー、フェノキシエタノール、水酸化K、BG、精製水
(医薬部外品のため順不同)

ピジョン
薬用ローション
(ももの葉)

200ml・820円(編集部調べ)

抗炎症剤で穏やかに抑える

女性は身体のホルモン周期などで、一時的にニキビができやすくなる時期があると思います。そういうときにはスペシャルケアとして、ニキビ対策のアイテムを足す人も少なくないでしょう。

このときに追加する化粧品として私がお勧めするのは、「ピジョン 薬用ローション(ももの葉)」です。有効成分に「グリチルリチン酸ジカリウム」と「アラントイン」という2種類の抗炎症成分を配合しています。この成分の作用によってアクネ菌の増殖による炎症を抑え、ニキビの発生を予防できます。

殺菌成分のような強烈な効果はありませんが、そのぶん穏やかな作用なので、副作用の懸念がほとんどありません。

ＢＧなどを主体としたとてもシンプルな処方で、赤ちゃんの肌荒れにも使えるほど低刺激です。肌の調子が崩れてニキビができやすくなったときは、普段のケアにこのようなシンプルな化粧水などの抗炎症アイテムを付け加えるだけで、効率的にニキビ対策ができます（ちなみにコスパも非常に優秀です）。

全身用なのでニキビケアだけでなく、あせもや荒れ肌予防のボディローションとしても優秀です。

殺菌・ピーリングは「その時だけケア」

ニキビケア化粧品の有効成分「イソプロピルメチルフェノール」は殺菌成分で、皮膚上の菌類の繁殖を抑える働きがあります。

ニキビは、皮膚常在菌のアクネ菌が毛穴内部で過剰増殖することで炎症を起こし、腫れてしまったものなので、この増殖したアクネ菌を殺菌することでニキビが沈静化します。

しかしアクネ菌は本来皮膚を守っている菌の一種なので、正常に働いていればニキビができることはありません。ニキビができてしまう根本の原因は菌そのものではなく、菌が増殖しやすくなっている異常な肌環境にあります。

そのため、アクネ菌を殺菌していったんニキビが収まっても、その悪環境をなんとかしなければ、いずれまた再発してしまいます。それどころかアクネ菌は本来肌を守る菌ですから、ニキビが完全に治らないからと殺菌成分を使い続けると、肌を守るためのアクネ菌まで滅菌してしまい、皮膚の環境がさらに悪化するケースも少なくありません。

また、次ページの例に含まれる乳酸やグリコール酸は、「ＡＨＡ（α-ヒドロキシ酸）」と呼ばれるケミカルピーリング成分です。これらは皮膚の角質を溶かして剥離させる性質があるので、毛穴をつまらせている角質を除去してニキビを沈静化させる目的で使われます。

しかし、皮膚表面をある意味溶解させるのですから、当然皮膚には刺激が強く、長期間使用するとそのバリア機能を損ねます。これも使用直後はニキビの改善が見込めますが、使用し続けるうちに肌のバリアが薄れ、逆に炎症を起こしやすい悪い肌環境を招く懸念があります。

殺菌やピーリングは即効性が高いのですが、その分副作用も強く、

成分

【有効成分】**イソプロピルメチルフェノール**、グリチルリチン酸2K
【その他の成分】**エタノール**、グリセリン、プロピレングリコール、マクロゴール4000、香料、精製水
（医薬部外品のため順不同）

成分

【有効成分】**イソプロピルメチルフェノール**、イプシロン-アミノカプロン酸
【その他の成分】ビタミンCリン酸Mg、アロエエキス-2、濃グリセリン、**乳酸**、**グリコール酸**、トコフェロール酢酸エステル、エデト酸Na水和物、キサンタンガム、N-カプリロイルアシルグリシン、POE硬化ヒマシ油、無水エタノール、水酸化K、BG
（医薬部外品のため順不同）

Not good

惜しい

エタノール
酒の主成分。拭き取り化粧水ではその殺菌効果が利用されるが、皮膚刺激がある。またニキビの膿の排出を妨げる恐れも。

イソプロピルメチルフェノール
アクネ菌の繁殖を抑えることでニキビを沈静化する殺菌成分。しかし、使いすぎると皮膚を守る分の菌まで減らしてしまう。

乳酸、グリコール酸
ケミカルピーリングに使われるAHAの一種。皮膚の角質を溶かすので刺激があり、長期使用は肌のバリア機能を破壊する。

長期的なニキビケアには不向きです。対症療法的に一時だけ状態を緩和させる「その時だけケア」といえるでしょう。

荒れた肌に追い討ち

ニキビができやすい皮膚はとても弱った状態になっています。このようなときはできるだけ低刺激の化粧品を使うか、ほとんど化粧品を使わずムダな刺激を与えないようにするのがベストです。

「ニキビ肌用の拭き取り化粧水」というものが市販されていますが、この化粧水には前述した殺菌成分の他に、エタノールを大量配合しています。

エタノールには強い殺菌効果があるので、より強力な殺菌が見込めるのですが、その分肌への負担もとても大きいです。敏感状態の肌にはエタノールの刺激はかなり強いといえます。

さらにエタノールには収れん（引き締め）作用があり、毛穴を閉じてしまうので、ニキビ内部の膿の排出が妨げられて完治が遅れる恐れもあります。エタノール主成分の拭き取り化粧水はニキビ対策には絶対NGです。

選び方のポイント

- 抗炎症アイテムで、優しく確実なケアを狙うのがベスト。
- 根本的な対策は、悪化した肌環境を整えること。
- 殺菌・ピーリングは長期使用はダメ。逆効果にもなる。

【ハンドケア】

Hand care

洗いすぎを防ぎ、肌になじむ油分でいたわる

オススメ

成分

マカダミアナッツ油

マカダミアナッツ油

人間の皮脂に組成がもっとも近い天然油脂で、角質によく浸透する。加齢とともに失われるパルミトレイン酸を多く含む。

マカダミ屋の
マカダミアナッツオイル

80ml・1185円

手洗いの見直しで改善

手荒れの原因は、ほとんどの場合「洗いすぎ」です。手洗いだけでなく皿洗いなどの家事も大きな原因となります。

手の平や指は、身体の部位の中でも特に皮脂が分泌されにくく、この部分を洗剤などで過剰に脱脂し続けるとバリア機能が損なわれ、手荒れを発症します。お医者さんなどが手荒れ全般を「主婦湿疹」などと呼ぶのも、この症状が炊事や子どもの世話で手を過剰に洗う主婦層に集中するからです。

重度の手荒れに悩んでいる方は、手洗いの頻度を減らし、水や洗剤に触れる際にはゴムやビニールの手袋を使うなどの工夫をすると、薬やクリームで抑えなくても高確率で改善します。一度試してみてください。

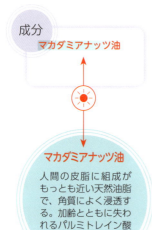

じつは著者もひどい手湿疹で悩んだ時期がありましたが、この方法で驚くほどきれいに治りました（110ページ参照）。

補給すべきは皮脂の代わり

必要な皮脂が奪われてしまうから手湿疹が起こるのであれば、その皮脂の代わりになるものを補給してあげれば、手荒れの抑制が可能なはずです。

ハンドケアには一般的にハンドクリームが用いられますが、クリームとは〝油分〟を多く含んだ化粧品のこと。手肌に必要なものが油分であるなら、もっともムダがないダイレクトな方法は、油分そのものを補給することではないでしょうか。

「マカダミ屋のマカダミアナッツオイル」は、マカダミアナッツ油100％のキャリアオイル（アロマセラピーで精油を希釈したり、マッサージに使うオイル）です。

マカダミアナッツ油は皮脂の組成にもっとも近いといわれる天然油脂で、人肌になじみやすい「パルミトレイン酸」を豊富に含むため、角層への高い浸透効果があります。お肌に塗ると、すっとなじんで消えてしまうことから「バニシング（vanishing＝消滅する）オイル」とも呼ばれています。

さまざまな種類のオイルの中でも、皮脂の不足した手肌にはうってつけといえるでしょう。

塗る量に気をつけなければベタついてしまうので、コツがあります。少量を手に揉み込んでからティッシュなどで軽く指先を拭うと、触る物に指紋もつかず、使いやすいです。

ハンドクリームの場合は、香料などのムダな添加物で肌荒れする可能性もあります。しかし、マカダミアナッツ油なら、その懸念もありません。刺激などはいっさいなく、顔などのスキンケアにも使えるオイルなので、ぜひお勧めします。

尿素配合の保湿メカニズム

さて、ここで私があまりお勧めしたくないアイテムとして紹介するのは、「尿素」という成分を配合したクリームです。

手やかかと、ひじなどの硬くなった角質を軟化するアイテムとして「尿素クリーム」は有名ですね。一般的には、尿素は強力な保湿成分として知られていますが……しかしこの尿素クリームには重大な欠点があります。

そもそも尿素は、なぜ硬くなった皮膚を柔らかくできるのでしょう。

　それは尿素が角質を「溶かす」力を持っているからです。尿素は「タンパク質変性剤」として有名で、高濃度で作用させると角質層を構成しているタンパク質を変質させて溶かし、軟化させます。尿素による皮膚の柔軟効果はその特性の応用です。

　しかしタンパク質を変質させるということは、皮膚の組織をある程度破壊することをも意味しています。皮膚の表面を溶かす作用のある尿素クリームには、皮膚を柔らかくする効果はあっても、手荒れを根本から解決する力はありません。

　つまり、使ったそのときだけ肌が柔らかくなっても、荒れる手肌を癒してくれたり、手荒れそのものを抑えてくれたりするわけではないのです。また、尿素で角質が薄くなった手で水仕事などを続ければ、よりひどい肌荒れになることも考えられます。

　ハンドケアに尿素クリームを使うのは、正しい対策とはいえないでしょう。

尿素
肌を柔らかくするとしてハンドクリームによく使われるが、実際は角質のタンパク質を変質させることによる作用。

成分
（1g中の成分）**尿素** 100mg、トコフェロール酢酸エステル1mg、グリチルリチン酸2K0.5mg　添加物として流動パラフィン、スクワラン、ワセリン、シリコン油、セタノール、ステアリルアルコール、グリセリン、1,3-ブチレングリコール、ステアリン酸、ベヘン酸、トリイソオクタン酸グリセリン、ポリオキシエチレン硬化ヒマシ油、ステアリン酸ポリオキシル、ステアリン酸グリセリン、水酸化Na、クエン酸Na、エデト酸Na、パラベン、ヒアルロン酸Na、その他1成分を含有（医薬部外品のため順不同）

選び方のポイント
- 奪われた皮脂を油分で補うのが、もっともダイレクトな方法。
- 皮脂に組成が近いマカダミアナッツ油はなじみやすさが抜群。
- 尿素は手荒れを癒すのではなく、角質を溶かしているだけ。

【入浴剤】

Bath additive

「お湯を弱酸性にする」が外せない条件！

オススメ

**キュレル
入浴剤**

420ml・1000円（編集部調べ）

コメ胚芽油

皮脂に含まれるリノール酸やオレイン酸を多く含み、保湿効果が高いため、肌荒れや炎症を予防する効果がある。

成分

【有効成分】**コメ胚芽油**
【その他の成分】流動パラフィン、ミリスチン酸イソプロピル、テトラオレイン酸ＰＯＥソルビット、オレイン酸ＰＯＥ（6）ソルビタン、精製水、ヤシ油脂肪酸ソルビタン、オレイン酸ＰＯＥ（20）ソルビタン、**ヘキサデシロキシＰＧヒドロキシエチルヘキサデカナミド**、長鎖二塩基酸ビス3-メトキシプロピルアミド、**ユーカリエキス**、オーツ麦エキス、ＢＧ、ＤＰＧ、ミリスチン酸、ビタミンＥ、ステアリルアルコール、セタノール、パラベン
（医薬部外品のため順不同）

ヘキサデシロキシPGヒドロキシエチルヘキサデカナミド

擬似セラミドの一種。人間の肌の角質層にあるセラミドと似た働きをするため、肌のバリア機能を高めてくれる。

ユーカリエキス

ユーカリの葉から抽出したエキス。保湿効果があり、肌のバリア機能を高める。他に、抗菌・血行促進作用などがある。

要注意のタイプとは？

配合成分のちょっとした刺激に反応して肌が荒れてしまうのがアトピー体質や敏感肌の常です。

保湿のために入浴剤を入れたい気持ちはわかりますが、正しく成分を把握しておかなければ、逆に肌に負担になることがあります。場合によっては、何も入れないほ

うが肌のためになることもあるといえるのです。

たとえば泡風呂を作る入浴剤は発泡性の「陰イオン界面活性剤」を配合して泡を発生させていますし、他にも「医薬部外品（薬用入浴剤）」として登録するためだけに塩化ナトリウム（つまり「塩」）を高濃度で配合している入浴剤もあります。

しかし、陰イオン界面活性剤は皮膚刺激になりますし（94ページ参照）、高濃度の塩も同じ問題があります。

肌と同じ弱酸性がベスト

皮膚の表面のpHは、弱酸性がもっとも状態が安定し、健康的です。これは入浴に関しても同じことで、皮膚に刺激にならず、肌の健康をより保てるお湯は弱酸性です。

よく「アルカリ性の温泉で美肌になれる」などといわれますが、これはアルカリ性泉が皮膚の老廃角質を分解して柔軟にする結果、肌の表面がツルツルになることからいわれているものです。しかし敏感肌やアトピー肌にとっては、そういった角質を少し溶かすような働きさえ刺激となってしまうので、アルカリ性のお湯は敏感肌には向きません。

そこで、本当に健康な肌を守るためには、ぜひ弱酸性のお湯を選んでいただきたいと思います（実際に、皮膚疾患に効くとされる弱酸性泉は国内にいくつもあります）。

炭酸入浴剤と炭酸泉は別モノ

血行促進や疲労回復の効果があるとして、「炭酸が発生する入浴剤」は大人気です。しかし、pHの問題を考えると、肌が弱い方は炭酸入浴剤を手にしてはいけません。

化学での理論上は、炭酸（二酸化炭素）が溶けた水（炭酸水）は弱酸性になります。温泉の弱酸性泉も、その多くが炭酸が溶け込んだ炭酸泉です。しかし、もともと二酸化炭素という気体はそれほど水に溶けない性質なので、工場などで高濃度の炭酸水を作るときは無理やり圧力をかけて製造しています。

よって、家庭のお風呂の中で二酸化炭素を発生させても、その気体が水に溶け込むことはありません。炭酸が溶けた温泉と「炭酸が発生する入浴剤」を入れたお湯は、まったくの別物なのです。

炭酸ガスが発生する入浴剤が敏感肌に向かないというのは、「炭酸水素ナトリウム」という弱アルカリ性の化学物質を主成分としているためです。

炭酸水素ナトリウムは水と反応して一応は二酸化炭素を発生させますが、やはりそれが水に溶け込むことはなく、そのまま泡として空気中に逃げていきます。結果としてお湯は弱アルカリ性になるため、敏感肌には向かないお湯を作ることになります。

下の例の場合は、さらに炭酸ナトリウムや炭酸カルシウムなどのより強いアルカリ性物質が入っていることや、合成香料や合成着色料も配合されている点を見ても、敏感肌向けとはいえないようです。

敏感肌に理想的なのは？

敏感肌にも優しい入浴剤を選ぶコツは、まず「弱酸性」であることが第一です。

第二に、香料や着色料などのアレルギーの原因になりやすい成分が極力入っていないものを選ぶと良いでしょう。

第三に、乾燥や炎症を抑える成分が配合されていれば、なお良しです。

例として商品を挙げるとすれ

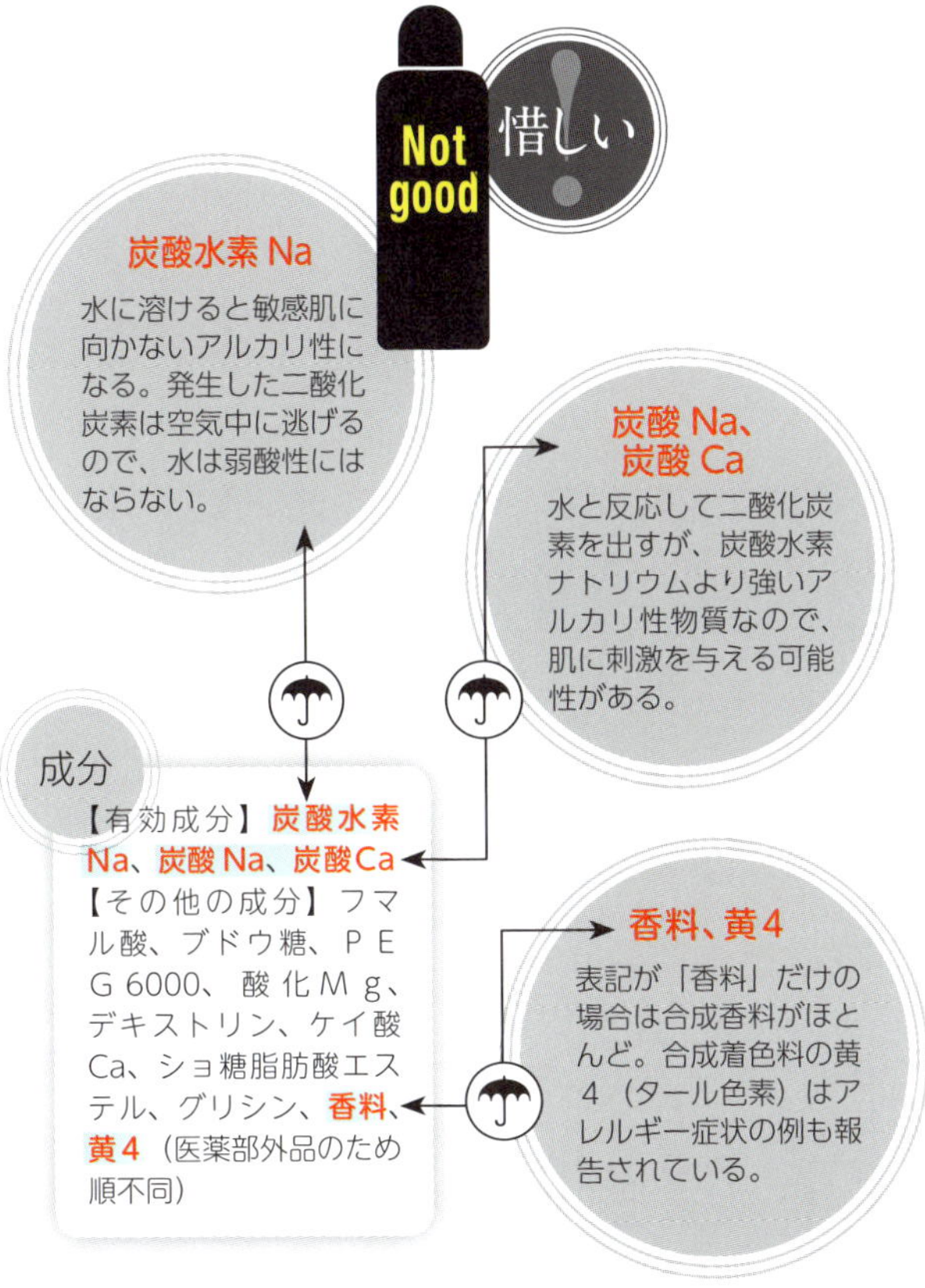
Not good
惜しい
炭酸水素 Na
水に溶けると敏感肌に向かないアルカリ性になる。発生した二酸化炭素は空気中に逃げるので、水は弱酸性にはならない。
炭酸 Na、炭酸 Ca
水と反応して二酸化炭素を出すが、炭酸水素ナトリウムより強いアルカリ性物質なので、肌に刺激を与える可能性がある。
香料、黄4
表記が「香料」だけの場合は合成香料がほとんど。合成着色料の黄4（タール色素）はアレルギー症状の例も報告されている。
成分
【有効成分】炭酸水素Na、炭酸Na、炭酸Ca
【その他の成分】フマル酸、ブドウ糖、PEG 6000、酸化Mg、デキストリン、ケイ酸Ca、ショ糖脂肪酸エステル、グリシン、香料、黄4（医薬部外品のため順不同）

ば、冒頭の「キュレル　入浴剤」はなかなか理想的な成分構成になっているといえます。

有効成分として配合されているのは「コメ胚芽油」です。これは皮脂にも含まれるリノール酸やオレイン酸などの成分を主体としているコメ由来の油脂で、肌の荒れや炎症を予防する効能が期待できます。

また敏感肌に不足しているセラミドの類似体である「擬似セラミド（ヘキサデシロキシPGヒドロキシエチルヘキサデカナミド）」も配合されています。花王独自の研究で、この擬似セラミドとユーカリエキスの効果で肌のバリア機能を引き上げられることがわかっているため、本品にもこの2成分が配合されていますね。

入浴剤というよりはまるで保湿剤のような成分となっており、「乾燥性敏感肌向けに開発された」というのもうなずけます。

選び方のポイント

- ●肌と同じ弱酸性のお湯が、アトピー・敏感肌には良い。
- ●炭酸泉は弱酸性でも、「炭酸入浴剤」のお湯はアルカリ性。
- ●無香料・無着色、さらに乾燥・炎症を改善する入浴剤がオススメ。

家事用品選びもスキンケアの一つ

毎日の皿洗いこそ対策を

「ハンドクリーム」の項でも触れていますが、手荒れ（主婦湿疹）のもっとも大きな原因は食器用洗剤です。

　現在ドラッグストアなどで売られている食器用洗剤の多くは、「ポリオキシエチレンアルキルエーテル硫酸エステルナトリウム」や「直鎖アルキルベンゼンスルホン酸ナトリウム」という界面活性剤を主成分にしたものです。

「ポリオキシエチレン〜」は、化粧品の表示では「ラウレス硫酸ナトリウム」と記載されているものと同じで、この成分は脱脂力が高く敏感肌への刺激があると、この本でも何回か述べてきました。

　また「直鎖アルキルベンゼン〜」は、現在では化粧品への配合はほとんどされません。これは化粧品への配合規制があるわけではありませんが、皮膚刺激が大きく、化粧品に配合するのはリスクが大きいとメーカーが判断しているからだと推測されます。

　手肌も皮膚が分厚いとはいえ、刺激を与え続けたり、バリアが極端に減り続けたりすれば炎症を起こしてしまいます。食器用洗剤は、原液の濃度が40％程度と超高濃度で、しかも油分の洗浄力を高める補助洗剤まで加えられているので、洗顔料など化粧品の洗浄剤と比較しても洗浄力が強すぎるのです。

　強力な洗浄力の洗剤に毎日素手で触れていれば、肌バリアが失われて手荒れを発症するリスクが高まります。もし現在手荒れで悩んでいるなら、家事をする際には手袋をはめるなどして洗剤との接触

を断つと症状が改善していくかもしれません。

　左の写真は筆者自身の手荒れとその改善状態の比較ですが、皮膚科でもらった薬でも現状維持が

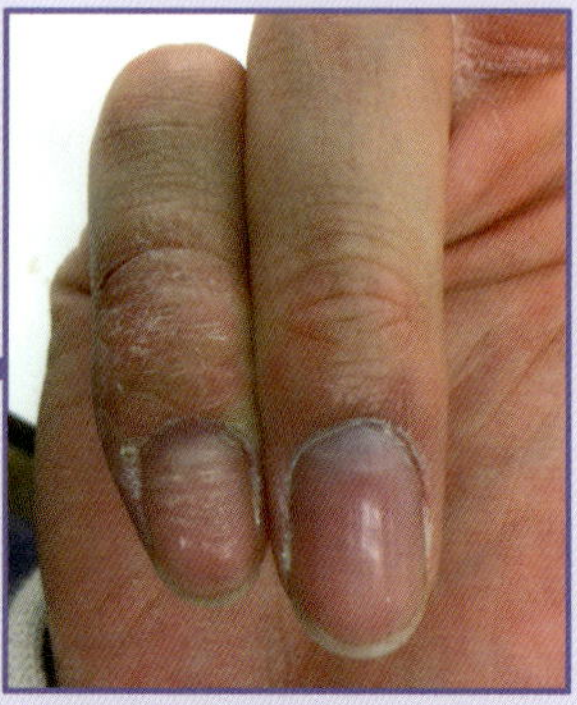
3年前に起きた主婦湿疹。
肌荒れの影響で爪まで歪んでいる。

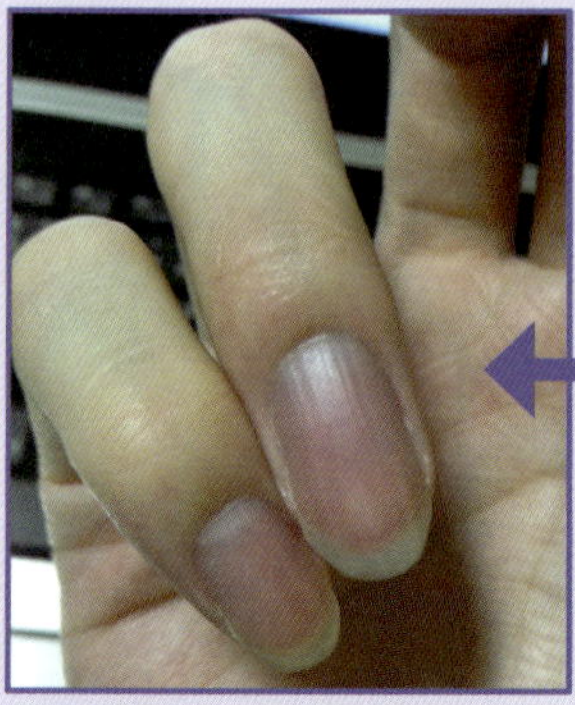
現在の健康な肌。
洗剤に触れない努力をしたおかげ。

やっとだったものが、洗剤に触れない生活を続けた結果、みごとに完治しました。

隠れたトラブル原因「柔軟剤」

　アトピー体質などで市販の洗濯洗剤が使えず、あちこち調べていろんな洗剤類を試した……という方は少なくないと思います。アトピーや極度の敏感肌の場合は、衣類に残留している洗剤の成分などが汗などに溶け込んでわずかな刺激となり、それが皮膚のかゆみや炎症を起こすことがあります。

　しかし一般的に、洗剤の主成分は洗った後にほとんど衣類に残留することがありません。最近の全自動洗濯機は非常に高性能になっているので、普通の洗浄成分ならば、十分と言っていいほどすすぎ落としてくれます。

　ですから、ほとんどの洗剤にはそんなに気を揉まなくても大丈夫です。市販のものでも大抵は問題ありません。

　そこで真に気をつけるべきは「柔軟剤」です。

　柔軟剤の主成分はヘアトリートメントなどの成分と同じ「陽イオン界面活性剤」と呼ばれるものです。これは、洗剤で洗った部分に吸着して、しっとり感やなめらかな質感を演出する成分なのですが、残留しやすく肌への刺激になりやすいのです。

　敏感肌・アトピー肌の方は、洗濯洗剤に気をつける以上に、柔軟剤の使用を控えたほうが良いでしょう。

　さらに、最近の柔軟剤には大量

の香料を配合したものが多いのも問題です。香料は人によってはアレルギーを起こすリスクがあるので、体質的に合わないと匂いを嗅ぐだけで気分が悪くなったり蕁麻《じんま》疹《しん》が出たりします。

香りの怖いところは、自分だけでなく周りの人にも危害を与えうるということです。微量に添加された程度ならば問題ないですが、最近では一日中匂いが取れなくなるほど強い香りの柔軟剤も販売されていますから、ある意味、非常に危険です。

新製品で新しいリスクが！

最近テレビCMで頻繁に見るようになった「ジェルボール」というゼリー状の洗剤は、世界中で危険性が指摘されています。何が危険なのかというと、その可愛らしく美味しそうな外観から乳幼児が誤飲してしまう事故が、米国や欧州を中心に頻発しているというのです。

ジェルボール1個分の洗剤は、大人が食べても大した毒性はありませんが、毒性は体重が軽いほど強力になるという性質があるため、身体の小さな乳幼児にとってはかなりの害を及ぼす量に当たります。死亡例も今のところ少ないですが確認されており、場合によっては相当の危険があるといえます。

便利そうで可愛いからと安易に購入し使用するのは、小さいお子さんがいる家庭では避けてほしいと私は思います。

またジェルボールは、界面活性剤の濃度が高い溶液を大量のゲル化剤で固めているものです。ゲル化剤は粘性を増強する成分ですから、その分ジェルボールの内容成分が流れにくくなるということでもあります。

それによって洗剤の成分が衣類に残留すれば刺激になり、また香料配合ならその残留量も増えてくる……。このタイプの洗剤は、やはり敏感肌・アトピー体質には不向きといえます。

【制汗・デオドラント剤】

Antiperspirant／Deodorant

塗るのは肌より「服」！安全性も効果も画期的

イオンダッシュ・ネオ

200ml・1296円

成分

ポリアクリル酸アリルスルホン酸共重合体グルコース（ブドウ糖由来）、エタノール、水（順不同）

デオラボ イオンクリア

100ml・1500円

成分

無機金属塩、グリコールアミン長鎖化合物（順不同）

ともに、ニオイの元をイオンの力で無臭の分子に変える「イオン交換消臭剤」。即効性があり、長時間持続するのも特長。

作用メカニズムに問題が

制汗スプレーは、汗を抑えたりニオイを消したりするために、多くの方が使用したことがあるでしょう。ただ、その制汗・消臭機能はいったいどのようなメカニズムで働いているのか、消費者にはあまり知られていないのではないでしょうか。

制汗・デオドラント剤の主成分は2種類あり、一つは汗を抑えるための「収れん剤」という成分。「クロルヒドロキシアルミニウム」や「ミョウバン」などの成分が主なものですが、これらの成分は皮膚の組織と反応して弱い炎症を起こす力があります。この作用によって汗腺の導管部でわざと炎症を起こし、汗の出口をふさぐことで発汗をブロックします。

この作用メカニズムを聞けばわ

成分

【有効成分】酸化亜鉛、**クロルヒドロキシAl**、**イソプロピルメチルフェノール**

【その他の成分】ＬＰＧ、ミリスチン酸イソプロピル、トリイソステアリン酸ＰＯＥグリセリル、無水ケイ酸、マグネシア・シリカ、ジメチコン、イソステアリン酸、オクテニルコハク酸トウモロコシデンプンNa、メンチルグリセリルエーテル、メントール、香料（医薬部外品のため順不同）

クロルヒドロキシ Al

皮膚の組織と反応して弱い炎症を起こすことで汗の出口をふさぐ成分。毛穴を目立たなくする目的で使われることもある。

イソプロピルメチルフェノール

雑菌を殺して繁殖を抑えることで、ニオイを防止する成分。ただし、皮膚の常在菌まで減らしてしまうという問題が。

Not good
惜しい

かるように、もともと刺激のある成分を応用して汗を抑えることから、たんなる皮膚刺激だけでなく、行き場を失った汗が引き起こすトラブルもあります。

　さらに制汗・デオドラント剤のもう一つの主成分である「消臭剤」にも問題が指摘されています。

　消臭剤の主要成分というと、「塩化ベンザルコニウム」「イソプロピルメチルフェノール」などの他に「金属イオン化物」など、さまざまなものが知られています。これらの基本効能は、悪臭を発生させる微小な菌類への直接的な細胞毒性（＝殺菌作用）であり、多かれ少なかれ毒性を持つ成分が主です。

　また、皮膚にはそれを守っているさまざまな「皮膚常在菌」が生息しており、これをいたずらに殺菌することは、常在菌の絶対数を減らして肌荒れの元になる雑菌の繁殖を許しやすくする環境を作ってしまう心配があります。

　このように制汗・デオドラント剤の主成分には、敏感肌には不向きないくつもの問題点が指摘されており、専門の医師が注意喚起を行なうほどでもあります。

　最近では、これらの成分を脇の下や足などの部位だけでなく身体中に広く散布してしまう消費者も増えており、発汗を抑制することによって熱の放散ができなくなる体温調節障害（熱中症等）のリスクも高まっているとの情報もあります。

「衣服で抑える」という新発想

　このような理由から、一般的な皮膚塗布型の制汗・デオドラント剤を敏感肌の方が常用するのは推奨しがたいです。そこで肌に直接塗布するタイプではなく、「衣服に消臭機能を持たせる最新型の消臭剤」が最近注目されています。

もともと「汗」は、体温調節をし、体内の毒素をデトックスするためにも重要です。これを薬品の力で無理やり出さないようにふさいでしまうのは非常に安易で不健康ともいえます。

では、汗によって生まれる不快臭をどうするかですが、これは冒頭で紹介している「デオラボ　イオンクリア」や「イオンダッシュ・ネオ」など、衣服を消臭剤にしてしまうスプレーを使用することで解決できます。

速やかに安全に消臭

これらのスプレーの主成分には「イオン交換消臭剤」という成分が配合されています。

一般的な殺菌タイプのデオドラント剤は、ニオイの素を作る雑菌を殺菌することで徐々にニオイを抑えるものですが、イオン交換消臭剤は、ニオイの素となる帯電（イオン）性のガスの静電気を打ち消すことでニオイ成分を直接無臭化する成分です。

そのため使用した直後からニオイが消え、これを塗布しておけば長時間ニオイを消し続けることができるのです。

皮膚に直接塗布することなく衣服で消臭するため、皮膚トラブルを懸念する必要はありません。さらに、通常のデオドラント剤のように香料の匂いが混ざって、さらにおかしなニオイになることもありません。

この方法は体臭対策の専門医師も推奨するもので、「敏感肌だけど体臭が気になる」という方はぜひ試してみてはいかがでしょうか。

選び方のポイント

- ●収れん剤は弱い炎症を起こす作用があり、刺激は避けられない。
- ●消臭剤は皮膚の常在菌を減らし、逆に雑菌を増やす心配も。
- ●服に消臭機能を持たせるスプレーなら、肌に薬剤がつかず安心。

【汗ふきシート】

Sweat wiping sheets

「ひんやり・スッキリ」には代償がある

DHC
からだふきシート

20枚入・480円

成分

水、**BG**、ペンチレングリコール、フェノキシエタノール、**ココアンホ酢酸Na**、シソエキス、キュウリエキス、グリセリン、アロエベラ液汁、クエン酸Na、クエン酸

BG

別名「1，3 - ブチレングリコール」。低刺激で保湿性に優れている。比較的さっぱりとした使用感。32ページも参照。

ココアンホ酢酸Na

刺激の少ない両性イオン界面活性剤の一種。そのため、赤ちゃんや敏感肌、アトピー肌でも使いやすい。

清涼感はエタノールの演出

汗をかいたときに使うと、お肌がスッキリしてとても気持ちいい汗ふきシート。

そう、ほとんどの汗ふきシートは、拭いた直後にお肌がひんやりと冷たくなります。これが好きで使う方も少なくないでしょう。

ですが汗ふきシートの「ひんやり感」は、シートに含ませてある「エタノール」という成分による演出です。エタノールは非常に蒸発しやすいという性質（揮発性）を持っており、その際に周囲の熱を吸収するため、肌も熱を奪われて冷たく感じるのです。

これまでの項でも多く扱ってきたように、エタノールはこの揮発の際に周囲の肌の水分も同時に蒸発させてしまいます。この結果、お肌を乾燥させてしまうことがしばしばあります。

またエタノール自体にも皮膚刺激があるため、お肌の弱い方にはこのエタノールが多く含まれる汗ふきシートは不向きとなります。

次ページで良くない例として紹介しているのは有名な汗ふきシートの成分表ですが、ご覧のとおり成分表示の2番目にエタノールが配合されていて、前述の懸念点がそのまま当てはまります。

実際、この商品の使用上の注意には「アルコール過敏症の方、特に肌の弱い方、乳幼児は使わない」「傷、はれもの、湿疹等異常のあるところ、目のまわり、粘膜、除毛直後には使わない」と明記されています。これはつまり、この汗ふきシートは刺激が強いということを暗に意味しています。

ちなみに、この商品は女性用ですが、男性用の汗ふきシートはさらにエタノール濃度が高くなっており、より清涼感が強い分、刺激も強いということになります。

事実上、市場の汗ふきシートのほとんどがこれと同様の成分構成となっているため、敏感肌やアトピー肌の方が安心して使えるものはかなり絞られてしまいます。

まるで「化粧水でふく」シート

そこで敏感肌にも使える汗ふきシートをリサーチしたところ、「DHC　からだふきシート」が特によくできていると感じました。

成分を見れば、敏感肌に負担になるエタノールの配合はなく、敏感肌用の化粧水に主成分として配合されている「BG」がメイン成分になっています。BGにはエタノールのような清涼感はありませんが、拭き取った後のお肌を保湿しつつ、サラッと整えてくれます。

汚れを落とすための界面活性剤も「ココアンホ酢酸ナトリウム」という皮膚のタンパク質の電荷を変化させない両性イオン系で、皮膚刺激のない優しい成分です。pHもクエン酸で弱酸性に整えられていますし、赤ちゃんのお肌にも配慮したというセールスワードに嘘いつわりはありません。

無香料なのでアレルギーの心配が少ないのも嬉しいですね。

敏感肌・アトピー肌・赤ちゃんなど、ふつうのエタノール系の商品が使えない方にとてもオススメの汗ふきシートです。価格も先述したエタノール系と比較して、極端に高いというわけではありません。

ただ、問題としては、こちらの

商品はネット通販が基本で、ＤＨＣ直営店でないと店頭ではなかなかお目にかかれないアイテムだということです。「より安心」を買うには少々の面倒には目をつぶる必要がありそうです。

Not good

惜しい

エタノール
酒の主成分。蒸発（揮発）により肌に清涼感を与えるが、同時に水分を奪って乾燥を招く。他に肌への刺激という問題も。

成分
水、**エタノール**、（メタクリル酸ラウリル／メタクリル酸Na）クロスポリマー、イソステアリルグリセリル、ジメチコン、ジエチルヘキサン酸ネオペンチルグリコール、ＤＰＧ、ポリソルベート60、ＰＥＧ-8、（アクリレーツ／アクリル酸アルキル（C10-30））クロスポリマー、トリイソステアリン酸ＰＥＧ-50水添ヒマシ油、ＰＥＧ-3ヒマシ油、炭酸Na、メチルパラベン、フェノキシエタノール、香料

選び方のポイント
- ●エタノール濃度が高い商品がほとんど。肌への刺激・乾燥に注意！
- ●男性用など、清涼感が強いものほど刺激も強くなる。
- ●化粧水の主成分「ＢＧ」で拭く商品は、肌に優しく保湿にもなる。

【シャンプー】

Shampoo

どの界面活性剤を選ぶかで髪と肌の運命は変わる

ラウレス-5カルボン酸Na

通称「酸性石けん」。石けんと似た構造を持ち環境に優しく、弱酸性でも十分な洗浄力を発揮するうえ低刺激性の洗浄成分。

クレンジング機能を持つ非イオン系界面活性剤。少量でスタイリング剤の皮膜を取り除き、肌への刺激はほぼない。

オススメ

成分

水、**ラウレス-5カルボン酸Na**、コカミドプロピルベタイン、パーム核脂肪酸アミドDEA、**ジステアリン酸PEG-150**、ポリクオタニウム-10、**トリイソステアリン酸PEG-20グリセリル**、オレンジ油、クエン酸、エタノール、フェノキシエタノール、メチルクロロイソチアゾリノン、メチルイソチアゾリノン、香料

ディアテック カウンセリングプレシャンプー

1000ml　※美容室専売品

オススメ

成分

水、**ラウロイルメチルアラニンNa**、パーム核脂肪酸アミドプロピルベタイン、ラウラミドプロピルベタイン、コカミドMEA、加水分解卵殻膜、アセロラエキス、アロエベラ葉エキス、グリチルリチン酸2K、ヒスチジン、フェニルアラニン、アスパラギン酸、アルギニン、セリン、トレオニン、アラニン、グリシン、バリン、イソロイシン、プロリン、PCA、PCA-Na、リンゴ酸、乳酸Na、オクテニルコハク酸トレハロース、塩化Na、ジステアリン酸PEG-150、ポリクオタニウム-7、ポリクオタニウム-10、BG、EDTA-2Na、メチルイソチアゾリノン、メチルクロロイソチアゾリノン、メチルパラベン、香料

ラウロイルメチルアラニンNa

弱酸性のアミノ酸系界面活性剤。低刺激という点では特に優秀で、洗い上がりは比較的しっとり。

DEMI ヘアシーズンズ カームリーウォッシュ

250ml・2200円

界面活性剤が性能を左右する

シャンプーの主成分（洗浄成分）は界面活性剤です。品質の良い界面活性剤は肌や髪に負担を与えません。地肌や髪に良いシャンプーを選ぶためには、まずは界面活性剤を見極めることが重要です。

特にシャンプーに用いられているのは、洗ったものにマイナスの静電気を与える「陰イオン界面活性剤」という種類になります。

この成分にはさまざまなものがあり、洗浄力がとても高く刺激の強いものや、逆に洗浄力が低く刺激の少ないものなど、種類によって違いがあります。

世間では「界面活性剤は危険！」と言う人も多いですが、実際のところ肌や髪に悪影響になる界面活性剤というのは、品質の低いものだけです。

しっかり洗えるのに優しい！

後で述べますが、市販の安価な商品には、あまり良いシャンプーといえるものはありません。しかし、美容室用のシャンプーなら、少し高価ですが高品質の洗浄成分を配合した良いものが揃っています。

「洗浄力はしっかり、でも敏感肌にも優しいシャンプーが欲しい」という方には、「ディアテックカウンセリングプレシャンプー」がとてもオススメです。

これは、低刺激なのに比較的高い洗浄力を持つ「カルボン酸系界面活性剤（ラウレス-5カルボン酸ナトリウム）」が主成分になっており、一緒に配合されたクレンジング成分がヘアワックスやオイルなどの髪の不要物をしっかり落とし、かつ優しく洗浄してくれます。目に入ってもほとんど痛くない優秀なシャンプーです。

1000mlの詰め替え用パックのみで、ボトルは別に買う必要がありますが、それだけ入っても市販商品の価格帯を少し超える程度。美容室用シャンプーとしては破格のコスパです。

さっぱり、でもさらっとふんわり洗い上げる使用感の良さは多くの利用者が絶賛しています。

優しさを極めた逸品

カルボン酸系界面活性剤（通称・酸性石けん）は、敏感肌・アトピー肌にも十分優しいものですが、「もっともっと地肌に優しく洗いたい」という方には、「アミノ酸系界面活性剤」を主成分に使ったシャンプーがオススメです。

これはさまざまな種類のシャン

プーが各美容メーカーから発売されていますが、特に私のお気に入りの一本は「DEMI　ヘアシーズンズ　カームリーウォッシュ」です。アミノ酸系界面活性剤の「ラウロイルメチルアラニンナトリウム」を主成分としており、地肌に負担にならない優しい洗浄力でしっとりと洗い上げます。

そのうえ、シリコーンなどのコーティング剤は入っていないので、洗いあがりが重たくなることもありません。

ほのかに漂う程度ですが、独特の優雅な香りがもたらすリラックス効果も含めて、著者のイチオシシャンプーです。

注意すべき刺激成分

現在市販されている安価なシャンプーの界面活性剤は、「ラウリ

成分

水、**ラウリル硫酸Na**、**ラウレス硫酸Na**、塩化Na、コカミドプロピルベタイン、ジステアリン酸グリコール、クエン酸Na、コカミドMEA、キシレンスルホン酸Na、香料、グアーヒドロキシプロピルトリモニウムクロリド、クエン酸、**ジメチコン**、安息香酸Na、EDTA-4Na、エチレンジアミンジコハク酸3Na、パンテノール、パンテニルエチル、ホホバ種子油、メチルクロロイソチアゾリノン、メチルイソチアゾリノン

ラウリル硫酸Na
敏感肌への刺激が強く皮膚残留性も高い点が問題視される合成洗剤。化粧品に使用される洗浄成分ではもっとも避けたい。

ラウレス硫酸Na
ラウリル硫酸Naを改良した洗剤で、刺激性と残留性はかなり抑えられているが、それでも敏感肌には向かず、髪もゴワつく。

成分

水、**ラウレス硫酸Na**、コカミドプロピルベタイン、ジステアリン酸グリコール、ソルビトール、DPG、グアーヒドロキシプロピルトリモニウムクロリド、アルギニン、ステアルトリモニウムクロリド、ツバキ種子油、塩化Na、アセチルヒアルロン酸Na、加水分解コンキオリン、アスペルギルス／ツバキ種子発酵エキス液、硫酸Na、**ジメチコン**、ラウリン酸PEG-2、クエン酸、EDTA-2Na、ココイルメチルタウリンNa、BG、トコフェロール、フェノキシエタノール、安息香酸Na、香料、黄5、黄4

ジメチコン
鎖状シリコーンオイルの一種。肌や髪への安全性は高く、洗剤による髪のダメージやゴワつきを改善する目的などで使われる。

ル硫酸ナトリウム」「ラウレス硫酸ナトリウム」「オレフィン（C14-16）スルホン酸ナトリウム」などがほとんどです。その成分名に含まれる名称から、「硫酸系」「スルホン酸系」などと呼ばれます。

硫酸系・スルホン酸系は、コストが低いので大量生産される成分ですが、これらの洗浄成分が入ったシャンプーは髪や肌に強いマイナスの静電気を与えるため、髪がゴワつきやすいですし、洗浄力も高く、肌が弱いアトピー・敏感肌には刺激になりやすいです。

特に、ラウリル硫酸系はより刺激が強いので注意してください。

ちなみにこのタイプのシャンプーには、シリコーンオイル（ジメチコン・アモジメチコン・シクロペンタシロキサンなど。通称・シリコン）を一緒に配合して、ゴワゴワの質感を緩和させる商品がかつてはたくさんありました。ところが、昨今のノンシリコンブームで髪への残留による問題点が指摘されたため、シリコーンが成分に使われることもあまりなくなってきています（ただし、代替成分が使われた商品もあります）。

しかし、実際にはシリコーン自体は肌や髪に特に悪い成分ではなく、髪の質感を損ねる界面活性剤を使っていることが本当の問題なのです。ここ数年のノンシリコンブームは、その意味で問題点がずれてしまっているともいえます。

選び方のポイント

- 硫酸系・スルホン酸系の商品は、髪にも肌にも負担になる。
- カルボン酸系は洗浄力があるのに肌には優しい！
- 髪・地肌に優しいことを第一に考えるならアミノ酸系。

【トリートメント】

Treatment

シリコンは上手に使えば味方に。オイルで叶える理想の髪質

オススメ

**DEMI
コンポジオ
CMCリペア
トリートメント**

240g・2800円

**ステアル
トリモニウムクロリド**

陽イオン界面活性剤の一種。プラスの静電気を持ち、洗剤類のマイナスの静電気を中和する。残留性が高く刺激が強いので、濃度は控えめ。

ジメチコン

鎖状シリコーンオイルの一種。肌や髪への安全性は高く、洗剤による髪のダメージやゴワつきを改善する目的などで使われる。

アボカド油

人間の皮脂に組成が近い油脂とその誘導体。肌や髪に浸透しやすく、使用することで髪を柔らかくする効果がある。

成分

水、セタノール、**ジメチコン**、グリセリン、ＤＰＧ、ベヘントリモニウムクロリド、**アボカド油**、ジリノール酸ジイソプロピル、セラミド２、ヒアルロン酸Na、加水分解コンキオリン、加水分解コラーゲン、イソアルキル（C10-40）アミドプロピルエチルジモニウムエトサルフェート、グルタミン酸、加水分解卵殻膜、リンゴ酸、乳酸、イソステアリン酸イソステアリル、ＢＧ、ＰＰＧ-４セテス-20、**ステアルトリモニウムクロリド**、ベヘントリモニウムメトサルフェート、イソプロパノール、アモジメチコン、（ビスイソブチルＰＥＧ-14／アモジメチコン）コポリマー、プロピルパラベン、メチルパラベン、香料

避けられるシリコンだが…

トリートメントの主成分は基本的に「オイル」(油分)です。

本来はオイルではなく、マイナスの静電気を持つ「陰イオン界面活性剤」(シャンプーの主成分)とは逆の、プラスの静電気を持つ「陽イオン界面活性剤」を主成分にするべきです。それによって、シャンプー後の髪のマイナス帯電を中和し、質感をなめらかにできるからです。

ただ、この成分は皮膚刺激が強いので、最近は配合を抑える傾向があります。その代わりに、髪の質感を整えるオイルを多めに配合するというわけです。

そこで最近のトリートメントの主成分にもっとも頻繁に使用されているのは「シリコーンオイル」、通称「シリコン」と呼ばれる成分です。有名な成分名でいえば、ジメチコン、アモジメチコン、シクロメチコン、シクロペンタシロキサンなどがあります。

これらの成分はとても安定性が高いので、加熱や紫外線で分解し

オススメ!

無添加時代 ヘアトリートメント

300ml・800円

水添ナタネ油アルコール、ミリスチルアルコール
植物由来の油分で、使用感は比較的軽め。そのため、ボリュームダウンを避けるトリートメントの基剤として使われる。

成分

水、**水添ナタネ油アルコール**、**ミリスチルアルコール**、ココイルアルギニンエチルPCA、マカデミアナッツ油、水添パーム核油、ヒドロキシエチルセルロース、パルミチン酸エチルヘキシル、ポリクオタニウム-7、ラウロイルグルタミン酸ジ(フィトステリル/オクチルドデシル)、コメヌカスフィンゴ糖脂質、カンゾウ根エキス、ヒノキチオール、ホップ花エキス、モモ葉エキス、PCA-Na、オレンジ油、**ステアリルトリモニウムブロミド**、クエン酸、水添レシチン、リゾレシチン、BG、DPG、エトキシジグリコール、イソプロパノール

ステアリルトリモニウムブロミド
陽イオン界面活性剤の一種。プラスの静電気を持ち、洗剤類のマイナスの静電気を中和する。残留性が高く刺激が強いので、濃度は控えめ。

たり、肌や髪にダメージを与えたりすることがありません。また、液状の成分なので、地肌に残っても毛穴に詰まって毛髪の発育を阻害するようなこともありません。トリートメントの主剤に用いられるのは、その安全性の高さゆえです。

たしかに、シリコンのコーティングが強力に施された髪はトリートメントやカラー剤、パーマ剤の浸透を妨げるので、美容室では邪魔者扱いされやすいという実情はあります。しかし、ホームケアで多少用いる程度であれば、危険な成分ではないので避ける必要はありません。

むしろ上手に利用できれば、髪をダメージから守り、質感を良くしてくれる優秀な成分ともいえます。

毛髪軟化に優れたトリートメント

「ウェーボ（ｕｅｖｏ）」などのスタイリングシリーズで人気のサロンブランドＤＥＭＩが発売している「コンポジオ　ＣＭＣリペアトリートメント」というトリートメントは、ゴワつく髪に特にオススメで、髪の毛のキューティクルを柔軟にして質感を柔らかくする効果があります。

ダメージで手触りが硬くなってしまった髪も、このトリートメントを塗布してしばらく置いておけば、驚くほど柔らかくなります。

もちろん効果には個人差がありますが、市販のトリートメントでは得られない独特の質感に愛用者は多いです。「アボカド油」などの成分が毛髪に浸透して、キューティクル層を柔軟化することから得られる効果です。

成分

水、**ビスアミノプロピルジメチコン**、ステアリルアルコール、ベヘントリモニウムメトサルフェート、セタノール、ジメチコン、イソプロパノール、香料、ベンジルアルコール、パンテノール、パンテニルエチル、ＥＤＴＡ-２Na、ＰＥＧ／ＰＰＧ-20／23ジメチコン、ＢＧ、硝酸Mg（キ）、シルクエキス、ホホバ種子油、変性アルコール、メチルクロロイソチアゾリノン、塩化Mg（キ）、黄４、メチルイソチアゾリノン、赤227、青１

ビスアミノプロピルジメチコン

鎖状シリコーンオイルの一種。安全性に問題はないが、配合量があまりに多いと髪への残留量も増え、重い仕上がりに。

惜しい

さらに主成分にはジメチコンなどのシリコーン成分も多めに配合されているので、ボリュームが出過ぎて広がってしまう髪を落ち着かせる効果が期待できます。イソアルキル（C10‐40）アミドプロピルエチルジモニウムエトサルフェートは髪本来の脂質である18MEA（18‐メチルエイコサン酸）の誘導体を含むため、毛髪本来の軽やかな質感を演出してくれます。硬毛に悩む方はぜひ試してみて下さい。

軽さを出すならノンシリコンを

シリコンが主成分になっているトリートメントは、基本的にやや重たい質感になりがちです。

これはシリコーンオイルが髪の表面に付着して残るからです。シリコンは配合量が多くなるほど重たい質感になっていくので、たとえば成分表のトップに「〜ジメチコン」などの成分が記載されていれば、重みを持ったかなり落ち着きのある仕上がりがイメージできます。

重たい質感が苦手な方は、シリコンの入っていないトリートメントを探すとよいでしょう。比較的手に入れやすいものだと「リアル無添加時代　ヘアトリートメント」はノンシリコンのうえ、水添ナタネ油アルコールやミリスチルアルコールなどの軽めの油分を主成分としています。

肌への刺激の低さでも、優れている逸品です。

選び方のポイント

- ●シリコンの安全性は優秀。ふつうに使う分には避ける必要なし。
- ●アボカド油などはキューティクルの柔軟効果あり。
- ●軽い質感を求める場合には、ノンシリコンが適している。

【カラー・パーマヘア用シャンプー／トリートメント】

Shampoo／Treatment for colored or permed hair

施術後のダメージを抑制する 黒い成分ヘマチンの力

オススメ!

ナプラ ケアテクト HBカラーシャンプーS

300ml・2000円

ラウロイルメチルアラニンNa
弱酸性のアミノ酸系界面活性剤。低刺激という点では特に優秀で、洗い上がりは比較的しっとりする。

ヘマチン
髪の中のケラチンと結合して髪質を改善するほか、パーマ剤などの残留薬剤を失活させる作用や抗酸化作用まである。

成分

水、ラウロイルメチルアラニンNa、コカミドＤＥＡ、コカミドプロピルベタイン、スルホコハク酸ラウレス２Na、ココイルグルタミン酸ＴＥＡ、ジオレイン酸ＰＥＧ-120メチルグルコース、セテアレス-60ミリスチルグリコール、ラウロイル加水分解シルクNa、ヘマチン、加水分解ヒアルロン酸、ジラウロイルグルタミン酸リシンNa、トレハロース、ポリクオタニウム-61、(ジヒドロキシメチルシリルプロポキシ)ヒドロキシプロピル加水分解コラーゲン、ＰＣＡ-Na、ベタイン、ツバキ油、ココイルアルギニンエチルＰＣＡ、ソルビトール、セリン、グリシン、グルタミン酸、アラニン、リシン、アルギニン、トレオニン、プロリン、セイヨウオトギリソウエキス、カミツレ花エキス、フユボダイジュ花エキス、トウキンセンカ花エキス、ヤグルマギク花エキス、ローマカミツレ花エキス、ＰＥＧ-20ソルビタンココエート、ポリクオタニウム-10、オキシベンゾン-4、グリセリン、ＢＧ、塩化Na、クエン酸、安息香酸Na、ＥＤＴＡ-2Na、エタノール、フェノキシエタノール、メチルパラベン、プロピルパラベン、香料

薬剤は髪にどう働くのか?

髪がダメージを受けるもっとも大きな要因は、パーマや縮毛矯正、カラーリングなどの化学処理です。

髪の表面の「キューティクル」という部分は、うろこ状にしっかり密着しており、これが髪を保護しています。ところがパーマなどの施術には、このキューティクルを開くためのアルカリ剤と、さらに毛髪の分子結合を切断するための薬品が用いられます。

髪は本来、肌と同じ弱酸性で、その状態ではキューティクルはしっかりと閉じられています。し

オススメ

ヒドロキシプロピルトリモニウム加水分解ケラチン
髪に浸透し、内部の空洞化した部分を補って弾力を与える。ケラチンは髪の重要なタンパクなので親和性が高い。

ナプラ　ケアテクト HBカラートリートメントS

250g・2400円

成分

水、セテアリルアルコール、BG、ベヘントリモニウムクロリド、オレイルアルコール、ツバキ油、サザンカ油、トリエチルヘキサノイン、ステアリン酸グリセリル、**ヘマチン**、加水分解ヒアルロン酸、ジラウロイルグルタミン酸リシンNa、トレハロース、ポリクオタニウム-61、(ジヒドロキシメチルシリルプロポキシ)ヒドロキシプロピル加水分解コラーゲン、**ヒドロキシプロピルトリモニウム加水分解ケラチン(羊毛)**、イソアルキル(C10-40)アミドプロピルエチルジモニウムエトサルフェート、(水添ヒマシ油/セバシン酸)コポリマー、ミリスチン酸PPG-3ベンジルエーテル、PCA-Na、イソステアリン酸フィトステリル、ベタイン、ココイルアルギニンエチルPCA、ソルビトール、セリン、グリシン、グルタミン酸、アラニン、リシン、アルギニン、トレオニン、プロリン、セイヨウオトギリソウエキス、カミツレ花エキス、フユボダイジュ花エキス、トウキンセンカ花エキス、ヤグルマギク花エキス、ローマカミツレ花エキス、セタノール、ベヘントリモニウムメトサルフェート、グリセリン、ラノリン、メトキシケイヒ酸エチルヘキシル、ポリクオタニウム-10、BHT、イソプロパノール、エタノール、フェノキシエタノール、メチルパラベン、プロピルパラベン、ブチルパラベン、香料

かしこれがアルカリ性になると、キューティクルを密着させていた接着成分が溶けて、うろこが剥がれたように開きます。

　このキューティクルが開いたところから、薬品を髪の中に入れていくのです。

ダメージを蓄積しないケア

　しかし、パーマなどの薬剤が髪にとってとても大きなダメージになるのは当然ですし、さらには施術後に何もケアしなければ髪の中に薬剤が残留し、その後もじわじわと髪を蝕んでいきます。正しいケアを行なわなければ、髪はどんどんダメージを蓄積してしまうのです。

　施術後のケアに市販のトリートメントを使う方もいますが、「毛髪を補修」などと書いてある

キャッチコピーは、あくまでシリコンなどの皮膜成分で髪の表面をコーティングして、指通りを改善し、ツヤがあるように見せかけているだけです。実際には、一度壊れた髪の構造はもう二度と元通りに戻すことはできません。

なので、本当の意味で健康な髪を維持するには、受けたダメージを後から治すことよりも、始めから「ダメージを蓄積しない」ことのほうが重要です。

ヘマチンで残留薬剤を除去

このダメージを抑制するには、髪の毛の中に残った薬剤を除去できるシャンプーやトリートメントを使用するのがオススメです。

現在、この作用を持つ成分としてもっとも注目を集めているのが「ヘマチン」と呼ばれる成分。じつは、血液中の「ヘモグロビン」を形成するタンパク質の一種で、体内では酸素の受け渡しを担当しています。ヘマチンはこの作用によって、パーマ剤などの残留薬剤を失活（活性が失われ、反応を起こさなくなること）させてくれます。また、パーマやカラーの仕上がりを長引かせるという嬉しい作用もあります。

ヘマチンが入っているシャンプーやトリートメントは美容メーカーからいくつか発売されていますが、どの製品も驚くほど黒っぽい色をしています。これはヘマチンの色です。

特にオススメの商品は「ナプラ　ケアテクト　HBカラーシャンプーS」と同「トリートメントS」で、ヘマチン配合製品の中では特に実績のあるアイテムです。トリートメントにはヘマチン以外にも髪の毛と同じ構造を持つケラチンという成分が配合されており、切れた毛髪内部の結合を仲立ちして、ある程度ハリ・コシを取り戻すことができます。

ノンシリコン処方で少々ボリュームアップしやすい仕上がりですが、髪のダメージにお悩みの方にはぜひオススメです。

パーマ後に避けるべきは？

これとは反対に、パーマやカラーリングなどでダメージを受けた髪にもっとも使ってほしくないのは、「石けん」を主成分にしたシャンプーです。

石けんをシャンプーとして使用する消費者は少なくありません。石けんは長らく「肌に優しく環境にもいい」というクリーンなイメージを持たれ、自然派嗜好の方々に好まれてきました。

しかし前述したように、弱酸性だという毛髪の特性を化学的に考えると、シャンプーとしてアルカリ性の石けんを利用するのはお勧めできません。

まったく傷んでいない健康な髪なら、簡単にキューティクルが開いたりはしないのですが、パーマやカラーリングの際には一度開いてしまうため、その後はしっかりと閉じていない状態になります。ここで、キューティクルの接着部分を溶かすアルカリ性の洗剤を使ったらどうなるでしょうか？

結果として、キューティクルが開きっぱなしになり、毛髪同士で摩擦が生じやすくなるため、髪がゴワつくようになります。このままの状態で無理に洗髪を続けると、当然ながら髪がとても傷んでしまいます。

パーマやカラーリングの後には、しっかり弱酸性に戻してキューティクルを閉じなければ、どんどんダメージが進行するばかりなのです。「石けんシャンプー」のようなアルカリ性のシャンプーは、パーマやカラーリング後の髪とは非常に相性が悪いといえます。

惜しい

カリ石ケン素地

石けんのこと。アルカリ性なので肌刺激があることに加え、髪に使用するとキューティクルの接着部分を溶かす恐れも。

成分

水、**カリ石ケン素地**、グリセリン、トコフェロール（天然ビタミンE）、香料、クエン酸

選び方のポイント

- パーマ・カラー後は、専用のシャンプー・トリートメントが必要。
- ダメージ対策は補修より予防！　有効なのはヘマチン。
- 石けん成分はキューティクルを開き、より傷めてしまう。

【アウトバストリートメント】

Out bath treatment

洗い流さないからこそ特徴も現れやすい

ヒドロキシプロピルキトサン

シリコーン以上に効果的な皮膜を作る毛髪保護成分。ブラッシングなどの摩擦を緩和し、紫外線防御・抗酸化作用などを持つ。

オススメ！

成分

水、エタノール、グリセリン、ジラウロイルグルタミン酸リシンNa、セラミド - 2、ＢＧ、ジメチコノール、（Ｃ12-14）パレス -12、ポリクオタニウム -51、ベヘニルアルコール、ＰＧ、ペンタステアリン酸ポリグリセリル -10、ステアロイル乳酸Na、ラウリル硫酸Na、ラウレス硫酸Na、ラウロイルグルタミン酸ジ（フィトステリル／オクチルドデシル）、**ヒドロキシプロピルキトサン**、ヒドロキシプロピルトリモニウム加水分解ケラチン、フェノキシエタノール、硫酸Na、1，2-ヘキサンジオール、水添レシチン、ラウリン酸ポリグリセリル -10、トコフェロール、オトギリソウエキス、カミツレエキス、シナノキエキス、トウキンセンカエキス、ヤグルマギクエキス、ローマカミツレエキス、メチルパラベン、エチルパラベン、ブチルパラベン、プロピルパラベン、香料

ナプラ
CPモイスト

200ml・2000円

働きはスタイリング剤に近い

「アウトバストリートメント」とは、お風呂の外で使用するトリートメントのことです。主にドライヤー前に使用して、髪のまとまりを良くしたり、髪の質感を調整したりするために使用します。

たまに「アウトバストリートメントでダメージケア！」をうたう商品がありますが、アウトバストリートメントは基本的に質感調整のためのアイテムです。なぜなら、洗い流さずにつけっぱなしでも髪の質感を損ねない程度の濃度や量になってしまうからです。

お風呂で使うトリートメントは大量塗布できるため、濃度を上げて浸透圧による毛髪内部への効果なども期待できますが、アウトバスではつけすぎれば髪の風合いを保てなくなります。そのため、ダ

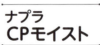

ホホバ種子油
人体の天然保湿因子と構成が非常に近く、肌・髪によくなじんでしっとり感を与える。保湿効果も高い。

マカデミアナッツ油、マカデミアナッツ脂肪酸フィトステリル
人間の皮脂に組成が近い油脂とその誘導体。肌や髪に浸透しやすく、使用することで髪を柔らかくする効果がある。

成分
水、BG、グリセリン、セタノール、**ホホバ種子油**、**マカデミアナッツ油**、ベタイン、**マカデミアナッツ脂肪酸フィトステリル**、ラベンダー油、メリアアザジラクタ葉エキス、加水分解卵殻膜、メドウフォーム-δ-ラクトン、シア脂、ダイマージリノール酸（フィトステリル／イソステアリル／セチル／ステアリル／ベヘニル）、イソヘキサデカン、ポリソルベート80、ポリソルベート60、（アクリル酸Na／アクリロイルジメチルタウリンNa）コポリマー、（アクリル酸ヒドロキシエチル／アクリロイルジメチルタウリンNa）コポリマー、トコフェロール、エチルヘキシルグリセリン、フェノキシエタノール、香料、カラメル

**DEMI ヒトヨニ
リラクシングクリームケア**
100g・2400円

メージケアに使用するよりはスタイリング剤の一種と考えたほうがいいと思います。

「ダメージケアができないなら必要ない」と思うかもしれませんが、これらを使って髪の状態を整えておくだけで、ケアのしやすさは断然違います。髪がサラサラと滑らかであれば、摩擦が起こりにくくなるからです。

美髪をどれだけ維持できるかは、気遣いひとつにかかっています。

シリコーンの残留の問題

アウトバストリートメントで注意したいのは「オイルタイプ」です。これは成分のほとんどがオイルですが、界面活性剤が入っていないので、一度塗布すると水では簡単には洗い流せません。

しっとりツヤツヤになるからといって、つけすぎたままシャンプーがおろそかになれば、徐々にオイルが髪に残留し、重たくべたついた質感になっていきます。

特に成分構成がほとんどシリコーン（通称・シリコン）の商品には注意してください。中でも「ジメチコン」などの鎖状シリコーンはたいへん髪に吸着しやすく、重たい使用感になりがちです。

お風呂で使うトリートメントの場合は、成分に界面活性剤が入っているのでそれほど残留しません。しかし、アウトバストリートメントはオイルのみの構成ですからとても残りやすくなります。

たとえば最近では、高級油脂「アルガンオイル（アルガニアスピノサ核油）」を主成分としていると騙《かた》って、実際にはほとんどがシリコーンのアウトバスオイルが流通しています。雑誌などでも頻繁に広告をしているので人気があるように見えますが、その内実を考えると、値段（100mlで4300円）にまったく見合わない内容です。

成分
シクロメチコン、ジメチコン、香料、アルガニアスピノサ核油、アマニ油、赤225、黄204
ジメチコン
肌・髪への安全性は高い成分だが、髪に吸着しやすいので、アウトバスタイプでは次第にベタついた質感になる可能性が。
アルガニアスピノサ核油
抗酸化作用があり、不飽和脂肪酸が髪質を柔軟にする。ただし、香料より配合量が少ないなら効果は見込めない。
Not good
惜しい

サラサラ感ならミスト

髪のダメージがさほど深刻でなければ、オイルタイプでコーティングするのはできるだけ控えてください。

そして、「髪に蓄積しにくくシャンプーで落としやすい」ことも考慮すると、ふんわりサラサラの質感を重視するなら「ミスト」タイプ、しっとりまとまるように整えたい場合は「クリーム」タイプのアウトバストリートメントがオススメです。

私のイチオシは、ミストタイプ

です。寝ぐせ直しにも使えますし、スタイリング剤と混ぜてパーマへアなどに軽さを出したりと、応用の幅が広いので使いやすいです。

冒頭に挙げたミストタイプの「ナプラ　CPモイスト」は、「キトサン（ヒドロキシプロピルキトサン）」という強力な毛髪保護成分を配合しており、ブラッシングによる摩擦への耐性に優れています。そのうえ、毛髪の脆弱化や髪の退色などをもたらす懸念のある紫外線を防御してくれる効果まであります。

数あるミストの中でも皮膜の蓄積がもっとも起こりにくく、頻繁に使用しても残留して質感を損ねるリスクがありません。

優しい油分のしっとりクリーム

クリームタイプでは「DEMI　ヒトヨニ　リラクシングクリームケア」がオススメです。

ボディクリームとして使用しても大丈夫なほど優しい成分で構成されているヘアクリームで、「マカデミアナッツ油」「マカデミアナッツ脂肪酸フィトステリル」などの成分が髪を軟化する効果に優れています。

そのうえ、ホホバ油をメインにしたクリームなのでしっとり感が強く、さらに毛髪軟化作用によってまとまりにくい髪も柔らかく整えてくれます。髪が乾燥しやすい方や、傷んでパサつく方には最適といえます。

選び方のポイント

- ●使用目的は、ダメージケアでなくスタイリング剤と考える。
- ●成分がほぼシリコーンのオイル系商品は、残留して髪が重くなる。
- ●オイルタイプよりミスト・クリームの使い分けが便利。

【スカルプシャンプー】

Scalp shampoo

低刺激で優しい洗浄力！薄毛対策でもシャンプーの基本は同じ

「育毛効果はない」が結論

「スカルプシャンプー＝育毛シャンプー」だと思っている人が多いようですが、これは大きな間違いです。実際には、スカルプシャンプーには育毛効果はありません。

もともとシャンプーは洗い流す化粧品なので、育毛有効成分を配合しても地肌にその成分が残ることは考えられません。それゆえ、シャンプーには医薬部外品といえども発毛・育毛効果は認められていないのです。

市販されるスカルプシャンプーの成分内容を見てわかることは、それがただの「フケ取りシャンプー」であるということです。有効成分としては「ジンクピリチオン」や「ピロクトンオラミン」「サリチル酸」などの殺菌有効成分か、「グリチルリチン酸ジカリウム」などの抗炎症成分が配合されているのみです。

これらの成分には、フケを抑える作用はあっても毛髪を生やす効果まではありません。スカルプシャンプーには、発毛や育毛の効果ははじめから見込めないのです。

使いすぎは逆効果

スカルプシャンプーに含まれる殺菌剤の効果は、フケの原因となる「でんぷう菌」という菌類の繁殖を抑えることです。しかし、じつはこのでんぷう菌は皮膚常在菌の一種で、殺しすぎても問題になる菌なのです。

たしかに殺菌シャンプーを使えば、効果的にフケ・かゆみを抑えることができますが、それはあくまで一時的なものです。本来地肌に必要な常在菌を滅菌し続ければ、やがて常在菌の正常な活動すらも阻害するようになり、フケやかゆみが慢性化したり悪化したりするケースも多いのです。

頭皮の異常は、不健康な生活習慣やシャンプーの洗浄力が高すぎることによる場合が多いので、これらの根本的な問題を解決することが先です。

薄毛も「優しく洗う」が第一

よって、スカルプシャンプーの薬効効果として「発毛を促す」ことはほぼ不可能に近いのですが、ただ、考え方を変えればシャンプーでの「薄毛予防」は不可能ではありません。

薄毛の大きな原因は「ストレス」だといわれています。男性に薄毛の人が多いのは、社会に出て多くのストレスに晒《さら》されるからだという説が有力です。なので、できるだけ普段の生活から心身に対するストレスをなくすことが、まず一つの対策といえます。

そしてシャンプーでできることというと、やはりまずは、地肌に負担になりにくい低刺激のシャンプーを使用するということです。

スカルプシャンプーを含め、男性用のシャンプーはとても洗浄力が高く、地肌に刺激になるものが大多数です。こういった刺激的なシャンプーを長期的に使用することで地肌が炎症を起こしてしまえば、先に述べたようにフケ・かゆみなどさまざまな問題を引き起こすことになります。

そしてそれによる頭皮へのストレスが大きくなれば、間接的に薄毛を引き起こす原因ともなりえます。

このように、今、一般的にスカルプシャンプーといわれているものは、地肌の正常な環境を脅かしかねないほどの性能を持っていま

成分

【有効成分】**ジンクピリチオン液**
【その他の成分】ポリオキシエチレンラウリルエーテル硫酸アンモニウム液、ラウリル硫酸アンモニウム、塩化Na、ジステアリン酸エチレングリコール、高重合メチルポリシロキサン、セタノール、ヤシ油脂肪モノエタノールアミド、香料、塩化O-［2-ヒドロキシ-3-（トリメチルアンモニオ）プロピル］グァーガム、クエン酸Na、α-オレフィンオリゴマー、安息香酸Na、トリ（カプリル・カプリン酸）トリメチロールプロパン（以下略、医薬部外品のため順不同）

ジンクピリチオン

殺菌作用のある有効成分。人体への影響は不明ながら、環境ホルモンの疑いがあるため使用を控えるメーカーが多い。

惜しい

す。そこで、もし早くから「薄毛を予防したい！」とお考えの場合は、そういったスカルプシャンプーを頼るのではなく、地肌に刺激になりにくく、そのうえ洗髪に最適な洗浄力のシャンプーをただ使用していればいいのです。

　毛の量などに悩む方にも、「シャンプー」の項で紹介したアイテムは有効だと思います。これはあくまで私の考えですが、薄毛予防に「スカルプシャンプー」など不要です。

選び方のポイント

- ●スカルプシャンプーには「フケ防止」の効果しかない。
- ●過剰な殺菌より、原因のストレスを見直すほうが大事。
- ●薄毛対策でも大事なのは、刺激の少なさと優しい洗浄力。

グリチルリチン酸2K
植物のカンゾウ由来で、抗炎症効果があるが、殺菌成分と同じく、育毛効果があるわけではない。

サリチル酸
これも殺菌作用のある成分。他に、ピーリング作用もあり、皮膚科でニキビの薬などにも使用されている。

ピロクトンオラミン
殺菌作用のある有効成分。皮膚のカビ（真菌）にも効くとして、多くのスカルプシャンプーに使用される。

成分

【有効成分】**ピロクトンオラミン**、**グリチルリチン酸２K**、**サリチル酸**
【その他の成分】豆乳発酵液、脂肪酸（12,14）アシルアスパラギン酸 Na 液、ヤシ油脂肪酸ジエタノールアミド、ラウリン酸アミドプロピルベタイン液、ヤシ油脂肪酸アミドプロピルベタイン液、モノラウリン酸ポリグリセリル、ヤシ油脂肪酸N - メチルエタノールアミド、ラウリン酸アミドプロピルジメチルアミンオキシド液、ニンジンエキス、バンジロウ葉エキス、イリス根エキス、ホウセンカエキス（以下略、医薬部外品のため順不同）

コスメより効く!? 美肌の基礎知識 6

「オーガニック」だから安心？

オーガニックコスメとは

日本では「オーガニックコスメ」の定義はとても曖昧です。

ヨーロッパでは「NaTrue」などのオーガニック認定機関というものが存在しており、それらの機関に申請して認可を受けたものしかオーガニックコスメを名乗ることはできません。ですが、日本にはそのような機関は存在しないため、定義が曖昧なまま、いろいろな化粧品が販売されています。

中には植物から抽出したエキスをたった一種類配合しただけなのに「オーガニックコスメ」と称して堂々と売られている商品もあり、ただ単に「自然派」ブームに乗っかっただけのものが少なくありません。

もともと「オーガニック」とは「有機農法」を指す言葉で、栽培の際に農薬や化学肥料を使わないで育てられた野菜を指す言葉でした。それなのに、食品ではない化粧品に対してこの言葉を使用するのは少し不思議ですね。化粧品は畑に生えているものでもなく、あくまで人工的に作られた製品なのですから。

ヨーロッパでは「化粧品の原料に使用する植物をオーガニック栽培したもの」のみで構成された化粧品を「オーガニックコスメ」と呼ぶそうです。日本の現状では、せいぜい「植物由来の成分を中心に作られた化粧品」という感じで認識されているように感じます。

さて、このような話から、あなたは日本のオーガニックコスメの現状に対してどのような感想を抱いたでしょうか。

「ヨーロッパのようにきちんとし

た認定機関を作れ！」というふうに思ったかもしれません。

ですが私は、日本のこの現状に対してそれほど悲観的ではありません。なぜなら、完全な「オーガニック」の化粧品より、あまり植物成分に頼りすぎない化粧品のほうが、肌にとっては優しいといえるからです。

植物由来は安心・安全か？

そもそも「オーガニック＝安心・安全」という固定観念がありますが、これは本当なのでしょうか？

もともと「オーガニック栽培」というのは、「野菜を育てる際に使用した化学肥料などが吸収されて作物に残留し、それを食べることで健康に悪影響が出るのではないか？」という発想で考案されたものです。つまり、化学肥料などを使わないことで野菜の毒性を下げようとしたわけですね。

しかし、これは1990年にカリフォルニア大の研究で明らかになったことですが、じつはオーガニック栽培した野菜は、化学肥料を用いた野菜よりもむしろ毒性が強くなってしまうのです。これは、植物が生来持っている力が関わってきます。

もともと植物には、虫や外部の菌類から身を守るための「天然毒素」が含まれています。たとえば、じゃがいもの芽の部分には「ソラニン」という毒素が含まれますし、森林で心地良い気分にしてくれる「フィトンチッド」という芳香成分は、じつは強力な防虫効果を持つ物質です。

このように植物には、それぞれ自身を守るための毒素が備わっているのですが、化学肥料を使用して害虫などをあらかじめ殺してしまうようにすると、毒素を増やして自分を守る必要がなくなるので、そういった天然毒素があまり作られなくなります。

それに対して、化学肥料を使用しなければ、植物は自力で外敵に対抗しなければなりません。そのために天然毒素が多く作られるようになるというわけです。

つまり、オーガニック栽培した植物は化学肥料こそ残留していないものの、もともとの天然毒素の量が多くなってしまうのです。これを考えれば、「オーガニック＝安心・安全」という考え方はかなり怪しいといえます。

精油配合には特に注意!

とはいえ食品の場合、化学肥料でも天然毒素でも、入っている量は大して問題になるほどのものではありません。ふつうの化学栽培で作られた野菜を食べても、オーガニック栽培した野菜を食べても、どちらにしても健康を左右するほどの影響はないといえそうです。

ですが化粧品の場合は、これがそうともいえません。

なぜなら、化粧品に配合される「植物エキス」や「エッセンシャルオイル(精油)」などの植物由来成分は、植物に含まれる芳香成分や毒素も含めた化学物質を抽出したものだからです。植物エキスはエタノールやBGなどの溶剤で限りなく薄められているのが一般的ですが、エッセンシャルオイル(精油)では抽出物をさらに「濃縮」しています。

もし精油の原料が、オーガニックで作った植物だったならば、ふつうの化学肥料等で栽培された原料より、植物由来の天然毒素が濃くなってしまう可能性が高いのです。

化粧品の「天然香料」と呼ばれるものも、基本的に主成分は精油です。ローズ油やベルガモット果実油、ティーツリー油など、花や果実・果皮、樹木などの名前が付いているものが大半です。これらは適正量で用いればさまざまな薬効効果を持つ反面、高濃度で使用すると皮膚刺激が強く、アレルギーも引き起こしやすいです。

一種類ぐらいをほのかに香る程度に配合するならば、大きな問題はありません。しかし、何種類もブレンドして、さらに分量もたくさん配合すれば、敏感肌には負担がありますし、匂いによって自分も周囲も気分が悪くなってしまう可能性があります。

もちろん一般的な植物成分からは、こういった毒素はできるかぎり除去されますが、もともとの量が多ければそれだけ除去は難しく、残留量も増えやすくなるのは容易に想像できます。そのため、精油などの植物成分が多く配合されている化粧品には、敏感肌やアレルギー体質の方は特に注意しなければなりません。

もしそれが完全な「オーガニック原料」で作られた化粧品であったとすれば、そのような化粧品を優先して選ぶことは、みずからわざわざ危険を掴みに行くのと同じことです。

「ヨーロッパ流」は危険⁉

以上の理由から、完全にオーガニック原料で作られた化粧品があったとすれば、それはやはり、いくらかリスキーだということになってしまいます。日本で化粧品のオーガニック認定機関がなかなか設立されないのには、日本の化粧品に携わる人々が、この事実をよく知っているからという背景があるのです。

ヨーロッパでは20世紀末に大きな市民運動があり、社会に徹底的な化学物質批判の下地が出来上がりました。その影響から、化粧品でも植物由来の原料が好まれる風潮があるわけですが、正しく化粧品のことを学べば、オーガニック原料が必ずしも優れたものではないということがわかるはずです。

日本人は欧米の人などと比べてとても肌が敏感なので、刺激が強くなりがちな完全オーガニックの化粧品はあまり推奨できません。

日本で植物エキスが少量添加された商品が「オーガニックコスメ」として売られているのを見ると、「看板に偽りあり」として少し首を傾げたくなりますが、日本人の敏感な肌を守るためには致し方ないのかもしれないとも感じます。

エピローグ——コスメに化学者ができること

化粧品や美容の分野は、学問の世界ではとても軽くとらえられてしまう風潮があります。

これは「美容」とはあくまで個人の欲望の一つであり、「美しくなりたい」という想いそのものを堕落したものだと考える文化が、日本という国には根強いからです。

そのため化粧品や美容の研究というものは、大学や専門研究機関レベルで行なわれることはとても稀であり、業界全体として「専門家」が誕生しにくい環境にあります。有名な化粧品成分の専門家が輩出されることがなく、皆さんも知る機会がないのはそのためです。

その結果として、一般市民と大差ない自称「美容研究家」や、学術的バックグラウンドを持たないジャーナリスト、界面活性剤の基本的な種類すら知らない無知な医者が唱える暴論などが消費者の間でもてはやされても、本物の専門家が専門知識をもって異論を唱えることもありません。そのような状況が長年続いたあげくが、この現状なのです。

2013年には某美白化粧品による白斑の健康危害が発生し、もっと遡ると2010年には洗顔石けんによる小麦アレルギーの事件がありました。大きく報道された化粧品危害はこの二つが近年主なものでしたが、じつは国民生活センターの記録によれば、例年500件程度で推移していた化粧品トラブルの報告件数は2011年には約3500件、その後も1000～2500件程度と、非常に多い報告数が続いています。

「化粧品や美容は堕落したものだから」という風潮のせいで、そのリスクの研究が疎《おろそ》かになった結果、近年の化粧品危害はもう無視できないものになってしまったのです。これらの状況を打破するためには、確かな研究機関によるリスク管理が行なわれることと、消費者への正確な情報の普及が急がれます。

私には難しいリスク計算や莫大な資金が必要な生体

毒性試験などはできませんが、本書のような執筆活動やソーシャルメディアを使った情報の発信によって、消費者に化粧品リスクや成分の安全性について、より正確な情報をいち早く伝えることができます。先日名古屋で行なわれた「日本リスク研究学会」(国際的なリスク研究の学術団体の日本支部)で私がこの問題を訴えたところ、運良く学会の大会優秀発表賞をいただくことができました。これは研究者の間でもこの問題を重く考えはじめたことの表れでもあると私は受け止めています。

もともと、この学会に化粧品の問題を持ってきたのは私のみであり、私としては「このような内容が受け入れられるのか?」という想いのほうが強かったため、その結果は素直にとても嬉しかったです。今後本職のリスク研究者たちが集い、現在の化粧品リスクの問題に対峙する日もそう遠くはないのかもしれない、と期待させてくれた出来事でした。

*

何にせよ、いまだ化粧品のリスク問題は、その研究の最前線ですら目をつけはじめた程度の段階です。ここ1~2年の間で、すぐに何か状況が変わるということはないでしょう。行政による組織的な動きが始まるまで、私が率先して消費者に正確な情報を発信することが、この問題に対して少しでも歯止めとなることを願い、今後も活動を続けていきます。

私がこれまで研究してきた結果、明らかになったこととして、化粧品リスクには大きく分けて以下の二つの問題があります。一つは、その危険性が野放しにされている化粧品等による実際の健康危害の問題。そしてもう一つは、本来あり得ないリスク情報に怯えた消費者をターゲットにした悪質商法が横行していることです。

私のここ当分の目標は、第一に世間一般に現在の化粧品リスクの問題をもっともっと広めていくことです。この本が出版される頃には、何とか私も環境学の修士号を取得できているはずですが、いずれ博士号を獲得した暁には、さらに大きな活動の展開も夢に見ています。幸い、すでに私を応援してくださる企業や研究者の方も現れ、今後の展望は比較的明るいのではないかと感じています。

長年放置され続けてきた化粧品リスクの問題です

が、消費者がより健全で安全な消費生活を送るためにも、これに何かしらの決着をつけることは、私の一生涯の責務だと感じています。

最後になりますが、本書を書き上げるうえで、多くのわがままにお付き合いくださいました出版社編集部の皆様には心より御礼と謝辞を申し上げます。何よりブログ「かずのすけの化粧品評論と美容化学についてのぼやき」にて日々私の拙《つたな》い雑記に応援をしてくださっている読者の皆様と、関連企業、家族、研究室関係者各位には重ね重ね御礼を尽くしたく存じます。このたび無事2作目の出版を果たせたのは、ひとえにかずのすけを支えてくださっている皆様のお力添えの賜物でございます。

皆様との出会いに、ただひたすらの感謝を。

2016年1月吉日

かずのすけ

コスメ選びの20カ条 ── 一生役立つ美肌づくりの法則

この本で説明した「本当に良い化粧品」を手に入れるコツをまとめました。
ずっとキレイな肌でいるために、ぜひ心に留めておいてください。

❶成分表で重要なのは、内容の大半を占める上から１～２行目まで。

❷エキス類・防腐剤などは、ふつうはごく微量。肌への良い効果も悪い影響もほぼ無視できる。

❸化粧品は基本的に皮膚に浸透しないので、肌表面で働く成分こそ有効。

❹肌は弱酸性が健康！　アルカリ性に傾く化粧品はなるべく使わない。

❺エタノール、ＰＧ、ＤＰＧが大量に配合されたものは避ける。

❻殺菌作用のあるものはむやみに使わない。肌荒れやフケ症を招く可能性も。

❼化粧品での保湿を考える前に、「洗いすぎ」をやめてみる。

❽乾燥肌・アトピー肌は、生まれつき不足するセラミドを補給する。

❾合成成分を適切に使用したコスメのほうが安全性は高い。

❿医薬部外品の成分表は順不同が多いので、選ぶ際は有効成分に注目！

⓫「医薬品＞医薬部外品＞化粧品」の順に効果は強く、副作用のリスクも大きくなる。

⓬オイルは「クレンジングで皮脂・保湿成分を奪わない」「肌の上で酸化しにくい」が２大ポイント。

⓭美白化粧品は特にリスクが大きい分野。肌に優しく効く成分を探す。

⓮化粧品や医薬部外品の効果はあくまで「予防」。たとえばシミ・シワを消すことまでは期待しない。

⓯高級化粧品は成分の貴重さに惑わされず、本当に効果があるかに注目する。

⓰シリコンは悪者ではない！　その目的と使い方を理解することが大切。

⓱界面活性剤を警戒しすぎない！　種類が多く、無害なものもたくさんある。

⓲「～硫酸」系、「～スルホン酸」系の洗浄成分は敏感肌には負担になる。

⓳「天然成分は優しい」というのは誤解。植物の毒素や溶剤を含むことも。

⓴たとえ成分自体は低刺激でも、落としにくい化粧品は肌の負担になる。

コスメの特徴を見抜くための主な成分100選

付録❷

※基剤：主成分として成分表の上位に並ぶ頻度の高い成分
※機能性成分：通常微量しか配合されないが、多用される成分

種類	用途	成分名（黄色印：要注意成分）	成分の特徴
水溶性成分	水性基剤・保湿成分	エタノール	酒の主成分。保湿成分として使用されるが皮膚への刺激がある他にも、アレルギー性や蒸発（揮発）によって肌を乾燥させるという欠点がある。
		PG（プロピレングリコール）	古くから保湿成分として多用されてきたが、肌への浸透性による刺激が懸念されたため、昨今では配合が控えられている。
		DPG（ジプロピレングリコール）	安い商品に多用される保湿成分だが、目や肌への刺激を感じる人もいる（特に目への刺激が強いという報告が多い）。防腐性がある。
		プロパンジオール	保湿成分の一種。刺激性に関する情報が少なく不安要素が多い。
		グリセリン	保湿性が高いので化粧品の主成分によく使われる。皮膚への刺激やアレルギー性が弱く、使用感は比較的「しっとり」。
		ジグリセリン	グリセリンとよく似た性質の保湿成分。低刺激の化粧品に配合される。
		BG（1,3-ブチレングリコール）	グリセリンと同じく低刺激の保湿成分で、敏感肌用化粧品の主成分に多用される。使用感は「さっぱり」。
		エチルヘキシルグリセリン	防腐性を持つ保湿成分で、無防腐剤の化粧品に高濃度で配合されることが多い。配合量が多い場合は皮膚への刺激も懸念される。
		カプリリルグリコール	
		1,2-ヘキサンジオール	
		ペンチレングリコール	
	機能性水性成分	ヒアルロン酸Na	ムコ多糖類（動物性保湿成分）の一種。水を混ぜるとジェル化して水分を蓄える性質がある。代表的な皮膚表面の保湿成分。
		アセチルヒアルロン酸Na	
		加水分解ヒアルロン酸	
		コラーゲン	繊維状タンパク質の一種で、肌の中では皮膚の土台を作っている。化粧品に配合された場合は、皮膚表面で水分を蓄える保湿剤となる。
		加水分解コラーゲン	
		サクシニルアテロコラーゲン	
		加水分解エラスチン	
		ベタイン	アミノ酸の一種で水分となじみやすく保湿成分として使われる。
		グルタミン酸	
		アミノ酸類	アスパラギン酸・アラニン・アルギニン・グリシン・セリン・ロイシン・ヒドロキシプロリンなど。ベタインやグルタミン酸と同様にアミノ酸の性質から水分となじみやすく保湿成分として多用される。
		トレハロース	糖類の一種で水分となじみやすく保湿成分として多用される。基本的に低刺激で肌への安全性は高い。
		グルコシルトレハロース	
		スクロース	
		ソルビトール	
		加水分解水添デンプン	
		ハチミツ	
		メチルグルセス類	
		ポリクオタニウム-51	「リピジュア」と呼ばれる成分で高い保湿作用を持つ。
		カルボマー	合成ゲル化剤の一種で、水分を蓄えてジェル化させる性質を持つ。安全性の高い増粘剤として使用される。
		キサンタンガム	食品にも使われる増粘剤で、デンプンを微生物の力で発酵させたもの。基本的に安全な成分だが、その発酵過程で思わぬ不純物が混ざる可能性も。
油性成分	油性基剤	ミネラルオイル	炭化水素油の一種で、主に石油由来のオイル。安全性の高い原料だが、クレンジングの主成分にすると脱脂能力が強すぎることが難点。
		スクワラン	炭化水素油を主成分としたオイル。低刺激な保護油として化粧品に広く使用されている。ピュアオイルをスキンケアに使うこともできる。
		ワセリン	ミネラルオイルと同じく石油由来の炭化水素油。半固形状の脂で水分蒸発を防ぎ、低刺激なので、乾燥肌の皮膚の保護によく使われる。

油性成分	油性基剤	マイクロクリスタリンワックス	合成ワックスだが、主成分は炭化水素油。さまざまなメイクアップ化粧品やヘアワックス等の主成分となっている。
		水添ポリイソブテン	撥水性の高いオイルでウォータープルーフ系のメイク製品に多用されるほか、ウォータープルーフ用メイクアップリムーバーの主成分として利用される。
		ジメチコン	鎖状シリコーンの一種で皮膜能力の高いシリコーンオイル。重めのトリートメントの基剤やメイクアップ製品に利用される。やや残留しやすい点に注意。
		アモジメチコン	
		ビスアミノプロピルジメチコン	
		シクロペンタシロキサン	環状シリコーンの一種で、時間が経つと揮発するため皮膜が残りにくいシリコーンオイル。サラッとした使用感になる。
		シクロメチコン	
		トリエチルヘキサノイン	合成エステルオイル。人工的に作られたオイル成分で、安全性・安定性が高く、さまざまな化粧品基剤に用いられている。クレンジング基剤になると脱脂力は高め。
		エチルヘキサン酸セチル	
		ミリスチン酸オクチルドデシル	
		イソノナン酸イソノニル	
		ラノリン	動物性のエステルオイル。純度によってアレルギー性が懸念されるため、最近はあまり使用されなくなった。
		セタノール	高級アルコール系のオイルで、ベタつきの少ない皮膜形成剤として使用される。アレルギーの懸念がある。
		ステアリルアルコール	
		ステアリン酸	高級脂肪酸の一種で軽い質感の油分だが、高濃度だと皮膚への浸透性が高く刺激性が懸念される。石けんの原材料でもある。
		パルミチン酸	
		ミリスチン酸	
	機能性油性成分	オリーブオイル	油脂の一種で主成分の脂肪酸の組成によってさまざまな性質になる。ここにあるオレイン酸を多く含む油脂の場合、肌なじみが良く柔軟作用がある。また、不純物として含まれるビタミン類の組成によって抗酸化力に優れた油脂となる。多価不飽和脂肪酸のリノール酸やリノレン酸を多く含む油脂は酸化しやすいため注意。
		馬油	
		アルガニアスピノサ核油（アルガンオイル）	
		コメヌカ油	
		マカダミアナッツ油	
		ココナッツ油	多くの化粧品成分の主原料となっている油脂（ココヤシ油）。安定性が高く使い勝手は良いが、飽和脂肪酸を基本とするため肌への柔軟作用などは弱い。
		ホホバ油	主成分はロウ類だが、油脂のように脂肪酸も含む植物性のオイル。皮膚の天然保湿成分とよく似た組成のため、高精製されたホホバ油は肌の保湿剤としてよく使用される。
		セラミド1/ セラミド EOS	ヒト型セラミド。人の皮膚上に存在するバリア機能物質で、外部の乾燥や刺激から皮膚を守る働きをしている。アトピー肌、敏感肌、加齢肌にはセラミドが不足しているというデータがあり、外部から補給することで肌のバリア機能を補うことが可能。
		セラミド2/ セラミド NS	
		セラミド3/ セラミド NP	
		セラミド6Ⅱ / セラミド AP	
		セラミド9/ セラミド EOP	
		セラミド10/ セラミド NDS	
		ヘキサデシロキシＰＧヒドロキシエチルヘキサデカナミド（セチル PG ヒドロキシエチルパルミタミド）	擬似セラミドの一種。人間の肌の角質層にあるセラミドと似た働きをする成分。外部から補うことで、肌のバリア機能を高めることができる。
		ラウロイルグルタミン酸ジ（フィトステリル／オクチルドデシル）	
		コメヌカスフィンゴ糖脂質	コメから得られる糖セラミド（グルコシルセラミド）を含むセラミド類似体。糖セラミドはセラミドの前駆体（前段階の物質）であり、セラミドに似た働きをする。
		ウマスフィンゴ脂質	馬油から少量得られる糖セラミド（ガラクトシルセラミド）を含むセラミド類似体。糖セラミドはセラミドの前駆体であり、セラミドに似た働きをする。
		マカダミアナッツ脂肪酸フィトステリル	人間の皮脂に組成の近い油分の誘導体。肌や髪に浸透しやすく柔軟性を与えることができる。

<table>
<tr><td rowspan="31">界面活性剤</td><td rowspan="17">洗浄剤</td><td>石けん素地</td><td rowspan="5">代表的な石けん。成分表に「～酸＋グリセリン＋水酸化 Na（水酸化 K)」と表記されている場合もある。 洗浄力が高く使用感の良い洗剤。分解しやすく残留しにくいが、アルカリ性なので洗浄中に刺激になることも。オレイン酸系のほうが比較的低刺激。</td></tr>
<tr><td>ラウリン酸 Na</td></tr>
<tr><td>オレイン酸 Na</td></tr>
<tr><td>カリ石鹸素地</td></tr>
<tr><td>オレイン酸 K</td></tr>
<tr><td>ラウリル硫酸 Na</td><td>敏感肌への刺激が強く皮膚残留性も高い点が問題視される合成洗剤。化粧品に使用される界面活性剤でもっとも避けたい成分。</td></tr>
<tr><td>ラウレス硫酸 Na</td><td>ラウリル硫酸 Na を改良して作られた洗剤で、刺激性と残留性はかなり抑えられているが、それでも敏感肌には向かない成分。</td></tr>
<tr><td>オレフィン (C14-C16) スルホン酸 Na</td><td>ラウレス硫酸 Na の代わりに最近多用される洗浄成分だが、高い脱脂力と敏感肌への刺激性はさほど変わらない。</td></tr>
<tr><td>ラウレス -5- カルボン酸 Na</td><td>通称「酸性石けん」。石けんと似た構造を持ち環境に優しく、弱酸性でも十分な洗浄力を発揮するうえ低刺激性の洗浄成分。</td></tr>
<tr><td>ココイルメチルタウリン Na</td><td>タウリン系洗浄成分の一種で、比較的低刺激で高めの洗浄力を有する。</td></tr>
<tr><td>ラウロイルメチルアラニン Na</td><td>弱酸性のアミノ酸系界面活性剤。低刺激という点では特に優秀で、洗い上がりは比較的しっとりする。</td></tr>
<tr><td>ココイルグルタミン酸 TEA</td><td>アミノ酸系界面活性剤の一種で、洗浄力は穏やかで低刺激性。敏感肌向けの洗浄成分。</td></tr>
<tr><td>コカミドプロピルベタイン</td><td>両性イオン界面活性剤の一種で、特に低刺激の洗浄成分。ベビーソープや低刺激シャンプーに配合される。陰イオン界面活性剤の刺激を緩和する効果がある。</td></tr>
<tr><td>ココアンホ酢酸 Na</td><td>極低刺激性の両性イオン界面活性剤の一種で、敏感肌・アトピー肌でも使いやすい。</td></tr>
<tr><td>ラウリルグルコシド</td><td>非イオン界面活性剤の一種で成分自体は低刺激だが、脱脂作用が強いためシャンプーの洗浄力が上がる。食器用洗剤の補助洗剤にも使われる。</td></tr>
<tr><td>トリイソステアリン酸 PEG-20グリセリル</td><td rowspan="2">非イオン界面活性剤の一種でクレンジングの乳化剤として用いられる。シャンプーに配合するとクレンジング作用を付与できる。</td></tr>
<tr><td>ジステアリン酸 PEG-150</td></tr>
<tr><td rowspan="8">柔軟剤</td><td>ベヘントリモニウムクロリド</td><td rowspan="3">陽イオン界面活性剤の一種で、トリートメントやコンディショナーの主成分。吸着した部分に滑らかな質感を与えるが、残留性が高く敏感肌には刺激がある。</td></tr>
<tr><td>ステアリルトリモニウムクロリド</td></tr>
<tr><td>セトリモニウムクロリド</td></tr>
<tr><td>ステアラミドプロピルジメチルアミン</td><td rowspan="2">陽イオン界面活性剤の一種だが、比較的低刺激の成分。</td></tr>
<tr><td>ベヘナミドプロピルジメチルアミン</td></tr>
<tr><td>ポリクオタニウム -10</td><td>カチオン（陽イオン）化ポリマーの一種で、リンスインシャンプーのリンス成分である。毛髪に吸着してしっとり感を演出する。配合量が多いと質感がゴワついてしまう。</td></tr>
<tr><td>ジメチコンコポリオール</td><td rowspan="2">シリコーンに親水性の構造を取り付けたシリコーン系界面活性剤。低刺激性で、ヘアケア製品などに配合してサラサラ感やしっとり感を演出することが可能。</td></tr>
<tr><td>ジメチコノール</td></tr>
<tr><td rowspan="6">乳化剤</td><td>水添レシチン</td><td>生体適合性の両性イオン界面活性剤の一種。低刺激の化粧品の乳化や、リポソーム（カプセル）用の界面活性剤として利用されている。</td></tr>
<tr><td>ポリソルベート類</td><td rowspan="5">非イオン系の乳化剤。巨大な分子量のものが多く、皮膚への刺激も極微弱である。主にクリームや美容液などの塗り置きの化粧品に配合されている。合成して作られるものが基本だが配合量も少なく、皮膚への負担はほぼない。</td></tr>
<tr><td>テトラオレイン酸ソルベス -30</td></tr>
<tr><td>イソステアリン酸ソルビタン</td></tr>
<tr><td>ステアリン酸グリセリル</td></tr>
<tr><td>PEG- 水添ヒマシ油類</td></tr>
</table>

参考文献

青木宏文・畑尾正人（2008）「化粧品／医薬部外品の機能」『化学と生物』（Vol.46,No.3.）

芋川玄爾（2014）「化粧品白斑発症機序の科学的考察：職業性白斑及び尋常性白斑との違いと類似性」『Fragrance journal』（42（11），34-47）

大矢勝（2010）「安全性・環境問題に関する消費者情報の課題――2・5次情報中の誤情報に対応するために――」『日本家政学会誌』（Vol.61，No. 8, p. 511-516）

大矢勝（1998）「合成洗剤論争に関連する消費者情報の分析（第1報）――一般消費者向け洗剤関連書籍の有害性記述得点――」『繊維製品消費科学会誌』（Vol. 39, No. 3，p.188-195）

木幡康則・秋丸三九男・村田友次（1995）「油溶性ビタミンC誘導体の開発」『日本化粧品技術者会誌』（Vol.29, No.4,p. 382-386）

厚生労働省（2015）「国内副作用報告の状況（医薬部外品）」（平成26年8月1日から同年11月30日までの報告受付分）、2015年3月（http://www.mhlw.go.jp/file/05-Shingikai-11121000-Iyakushokuhinkyoku-Soumuka/0000076906.pdf　※アクセス日：2016年1月5日）

厚生省環境衛生局食品化学課(1983)『洗剤の毒性とその評価』日本食品衛生協会

五味常明（2015）「現代人の体臭・多汗事情とそのケア」『Fragrance journal』（Vol.43，No.8, p.14-17）

長沼雅子（2007）「なぜ紫外線吸収剤が必要なのか？ 太陽紫外線の皮膚に与える影響」『オレオサイエンス』（Vol. 7, No. 9,p. 347-355）

西井貴美子・須貝哲郎・赤井育子・田水智子・吉田慶子（2000）「植物成分配合のフェイスパウダーによるアレルギー性接触皮膚炎」『皮膚』（Vol. 42, No. 2,p. 143-147）

フレグランスジャーナス社（2015）『aromatopia』（No.133）

村上義之・高梨真教・大原こずえ・柳本行雄（2006）「ハイドロキノンの安全性試験について」『西日本皮膚科』（Vol. 68,No. 2 ,p. 185-194）

Allemann, I.B., Baumann, L.（2009）, Botanicals in skin care products, Internat. J. Dermatol., 48, pp. 923–934

Antoine, P., Cécile, C.L., Philippe, C., Jean-François, B., and Louis, D.（2006）, Skin lightening and its complications among African people living in Paris, Journal of the American Academy of Dermatology,Volume 55, Issue 5, Pages 873–878

Bakkali, F., Averbeck, S., Averbeck, D., and Idaomar, M.（2008）, Biological effects of essential oils – A review, Food and Chemical Toxicology,Volume 46, Issue 2, Pages 446–475

Camile, L.H., Scott, D.B., Adelaide, A.H., and Henry, W.L.（2008）, Current sunscreen issues: 2007 Food and Drug Administration sunscreen labelling recommendations and combination sunscreen/insect repellent products,

Journal of the American Academy of Dermatology,Volume 59, Issue 2, Pages 316–323
Chinuki Yuko, and Morita Eishin (2012), Wheat-Dependent Exercise-Induced Anaphylaxis Sensitized with Hydrolyzed Wheat Protein in Soap, Allergology International,Volume 61, Issue 4, Pages 529–537
Cristin, N.S., Dana, M., and Donald, V.B. (2014), Cutaneous delayed-type hypersensitivity in patients with atopic dermatitis: Reactivity to surfactants, Journal of the American Academy of Dermatology,Volume 70, Issue 4, Pages 704–708
Eric, A., Gerhard, J.N., Thomas, R., Jacques, C., and Hervé, T. (2011), Safety of botanical ingredients in personal care products/cosmetics, Food and Chemical Toxicology,Volume 49, Issue 2, Pages 324–341
Harshit Shaha and Shruti Rawal Mahajanb (2013), Photoaging: New insights into its stimulators, complications, biochemical changes and therapeutic interventions, Biomedicine & Aging Pathology,Volume 3, Issue 3, Pages 161–169
Ishida, K., and Mizutani, H. (2015), Efficacy of the combined use of a facial cleanser and moisturizers for the care of mild acne patients with sensitive skin, J Dermatol, 42 (2) :181-8
Marissa, D.N., Mira, S., and Jeffrey, I.E. (2009), The safety of nanosized particles in titanium dioxide- and zinc oxide-based sunscreens, Journal of the American Academy of Dermatology,Volume 61, Issue 4, Pages 685–692
Mehling, A., Kleber, M., and Hensen, H. (2007), Comparative studies on the ocular and dermal irritation potential of surfactants, Food and Chemical Toxicology,Volume 45, Issue 5, Pages 747–758
María, R.I., Lourdes, P., Aurora, P., Pere, C., María, C.M., Marta, A., María, T.G., and María P.V. (2004), Amino acid-based surfactants, Comptes Rendus Chimie,Volume 7, Issues 6–7, Pages 583–592
Showkat, R., Manzoor, A.R., Wajaht, A.S., and Bilal, A.B. (2013), Chemical composition, antimicrobial, cytotoxic and antioxidant activities of the essential oil of Artemisia indica Willd, Food Chemistry,Volume 138, Issue 1, Pages 693–700
William, J.F., Wil, F.B., Marcy, I.B., Marjoke, H., and Nigel, P.M. (2011), Dermal penetration of propylene glycols: Measured absorption across human abdominal skin in vitro and comparison with a QSAR model, Toxicology in Vitro, Volume 25, Issue 8, Pages 1664–1670

「オススメ！」コスメ問い合わせ先リスト

	商品名	販売元	住所	電話	ページ
第1章	アレッポの石鹸	株式会社デバイスドライバーズ	〒183-0015 東京都府中市清水が丘2-23-2	042-363-8294	12
	ココイルボディソープ	株式会社ココイル	〒170-0005 東京都豊島区南大塚3-52-3	03-5954-0246	15
	ベビーセバメド フェイス＆ボディウォッシュフォーム	ロート製薬株式会社	〒544-8666 大阪府大阪市生野区巽西1-8-1	03-5442-6020 06-6758-1230	18
	アルガンビューティークレンジングオイル	日本緑茶センター株式会社	〒150-0031 東京都渋谷区桜丘町24-4 東武富士ビル	0120-821-561	21
	ローズドマラケシュ ディープクレンジングオイル	株式会社ジェイ・シー・ビー・ジャポン	〒150-0001 東京都渋谷区神宮前4-21-11	03-5786-2171	21
	シュウ ウエムラ アルティム8∞ スブリム ビューティ クレンジング オイル	シュウ ウエムラ	〒163-1071 東京都新宿区西新宿3-7-1 新宿パークタワービル	03-6911-8560	22
第2章	素肌しずく ぷるっとしずく化粧水	アサヒグループ食品株式会社	〒150-0022 東京都渋谷区恵比寿南2-4-1	0120-630-611	32
	ケアセラ AP フェイス＆ボディ乳液	ロート製薬株式会社	〒544-8666 大阪府大阪市生野区巽西1-8-1	03-5442-6020 06-6758-1230	39
	トゥヴェール ナノエマルジョン	株式会社トゥヴェール	〒562-0036 大阪府箕面市船場西2-2-1 ニューエリモビル6F	0120-930-704	39
	シェルシュール モイスチャーマトリックスN	有限会社DSR	〒657-0065 兵庫県神戸市灘区宮山町3-1-18-105	0120-921-289	43
	モチュレ アスタリノ	三口産業株式会社	〒543-0013 大阪府大阪市天王寺区玉造本町6-5	06-6761-5636	46
	ニベア ニベアクリーム（大缶）	ニベア花王株式会社	〒103-8210 東京都中央区日本橋茅場町1-14-10	0120-165-699	47
第3章	COVERMARK コネクティングベース	カバーマーク株式会社	〒531-0072 大阪府大阪市北区豊崎3-19-3	0120-117-133	54
	ホワイティシモ UVブロック ミルキーフルイド	株式会社ポーラ	〒141-8523 東京都品川区西五反田2-2-3	0120-117-111	57
	NOV UVローションEX	常盤薬品工業株式会社	〒107-0062 東京都港区南青山1-2-6 ラティス青山スクエア 5F	0120-351-134	60
	ニベア モイスチャーリップ ウォータータイプ無香料	ニベア花王株式会社	〒103-8210 東京都中央区日本橋茅場町1-14-10	0120-165-699	63
第4章	フォーレリア メディカルフェイシャルゲル	株式会社ナプラ	〒535-0031 大阪府大阪市旭区高殿4-16-19	0120-189-720	70
	メラノCC 薬用しみ集中対策美容液	ロート製薬株式会社	〒544-8666 大阪府大阪市生野区巽西1-8-1	03-5442-6020 06-6758-1230	74
	HABA 薬用ホワイトレディ	株式会社ハーバー研究所	〒101-0041 東京都千代田区神田須田町1-24-11	0120-168-080	74

	商品名	販売元	住　所	電　話	ページ
第5章	ミノン　全身シャンプー(しっとりタイプ)	第一三共ヘルスケア株式会社	〒103-8234　東京都中央区日本橋3-14-10	0120-337-336	88
	ケアセラ　AP フェイス&ボディクリーム	ロート製薬株式会社	〒544-8666　大阪府大阪市生野区巽西1-8-1	03-5442-6020 06-6758-1230	92
	スキンアクア スーパーモイスチャーミルク	ロート製薬株式会社	〒544-8666　大阪府大阪市生野区巽西1-8-1	03-5442-6020 06-6758-1230	95
	サンキラー　パーフェクトストロングモイスチャー	株式会社伊勢半	〒102-8370 東京都千代田区四番町6-11	03-3262-3123	95
	ピジョン 薬用ローション(ももの葉)	ピジョン株式会社	〒103-8480　東京都中央区日本橋久松町4-4	0120-741-887	99
	マカダミ屋の マカダミアナッツオイル	株式会社リゾートクリエイト	〒530-0012　大阪府大阪市北区芝田1-5-12 備後屋ビル3階	0120-987-465	102
	キュレル　入浴剤	花王株式会社	〒103-8210　東京都中央区日本橋茅場町1-14-10	0120-165-692	105
第6章	デオラボ イオンクリア	ハーパーベンソン株式会社	〒153-0064　東京都目黒区下目黒 3-23-3-201	0120-834-188	112
	イオンダッシュ・ネオ	昭和化学工業株式会社	〒107-0052　東京都港区赤坂 2-14-32	03-5575-6320	112
	DHC からだふきシート	株式会社DHC	〒106-8571 東京都港区南麻布2-7-1	0120-333-906	115
第7章	ディアテック カウンセリングプレシャンプー	株式会社ディアテック	〒106-0031　東京都港区西麻布1-7-1 トリニティビル3F	0120-526-022	118
	DEMI　ヘアシーズンズ カームリーウォッシュ	日華化学株式会社 デミ　コスメティクス	〒910-8670 福井県福井市文京4-23-1	0120-68-7968	118
	DEMI　コンポジオ CMC リペアトリートメント	日華化学株式会社 デミ　コスメティクス	〒910-8670 福井県福井市文京4-23-1	0120-68-7968	122
	無添加時代 ヘアトリートメント	株式会社リアル	〒652-0885　兵庫県神戸市兵庫区御所通1-3-18	078-682-8091	123
	ナプラ　ケアテクト HB カラーシャンプーS	株式会社ナプラ	〒535-0031　大阪府大阪市旭区高殿4-16-19	0120-189-720	126
	ナプラ　ケアテクト HB カラートリートメントS	株式会社ナプラ	〒535-0031　大阪府大阪市旭区高殿4-16-19	0120-189-720	127
	ナプラ　CPモイスト	株式会社ナプラ	〒535-0031　大阪府大阪市旭区高殿4-16-19	0120-189-720	130
	DEMI　ヒトヨニ リラクシングクリームケア	日華化学株式会社 デミ　コスメティクス	〒910-8670 福井県福井市文京4-23-1	0120-68-7968	131

著者紹介

かずのすけ

本名・西 一総（にし かずさ）。1990年福井県生まれ。京都教育大学教育学部を経て、2016年に横浜国立大学大学院環境リスクマネジメント専攻を卒業（環境学修士・教育学学士）。専門は有機化学で、大学では界面活性剤とタンパク質の研究、大学院では化粧品リスクと消費者教育に関わる研究を行なう。現在は研究活動のかたわらサイト運営や化粧品の企画開発、セミナー講師、執筆業などにも携わる。2013年9月よりブログ「かずのすけの化粧品評論と美容化学についてのぼやき」を運営。確かな知識を生かした化粧品解析やわかりやすいコラムで、肌・髪に悩む多数の読者の信頼を得ている。著書に『間違いだらけの化粧品選び 自分史上最高の美肌づくり』（泰文堂）、『オトナ女子のための美肌図鑑』『オトナ女子のための美容化学 しない美容』（ともにワニブックス）がある。
http://ameblo.jp/rik01194/

じつは10秒で見抜けます
化学者が美肌コスメを選んだら…

2018年3月20日 初版第1刷発行
2021年5月25日 初版第3刷発行

著 者／かずのすけ
発行者／佐野 裕
発行所／トランスワールドジャパン株式会社
〒150-0001
東京都渋谷区神宮前6-25-8 神宮前コーポラス1401
Tel.03-5778-8599 ／ Fax.03-5778-8590
印刷／中央精版印刷株式会社

Printed in Japan

ISBN 978-4-86256-232-6